Elías José Hurtado Pérez
María Hurtado Abad

Máquinas eléctricas

Vol. 1: transformadores

Universitat Politècnica de València

Colección Académica http://tiny.cc/edUPV_aca

Para referenciar esta publicación utilice la siguiente cita:
Hurtado Pérez, Elías José y Hurtado Abad, María (2024). *Máquinas eléctricas. Vol. 1: transformadore*s. edUPV.

Venta: www.lalibreria.upv.es / Ref.: 0339_05_01_06

ISBN: 978-84-1396-282-5
ISBN OC 978-84-1396-280-1
Depósito Legal: V-3976-2024

Maquetación: Enrique Mateo, *Triskelion Diseño Editorial*
Imprime: Byprint Percom, S. L.

Si el lector detecta algún error en el libro o bien quiere contactar con los autores, puede enviar un correo a edicion@editorial.upv.es

edUPV se compromete con la ecoimpresión y utiliza papeles de proveedores que cumplen con los estándares de sostenibilidad medioambiental, https://editorialupv.webs.upv.es/compromiso-medioambiental

Prólogo

Este libro pretende ser un apoyo al estudio de los transformadores dentro de las disciplinas relacionadas con la ingeniería eléctrica y la ingeniería industrial. Se ha intentado también que pueda servir para que los profesionales de estas ingenierías conozcan el funcionamiento y las aplicaciones de esta máquina. Concretamente se pretende que los estudiantes sean capaces de:

- Conocer los principios fundamentales de la transformación de potencia eléctrica dadas unas magnitudes de tensión e intensidad.

- Elegir el tipo de transformador más conveniente para cada aplicación industrial, partiendo del conocimiento de las magnitudes que caracterizan la máquina.

- Valorar el funcionamiento del transformador, a través de la obtención de los parámetros más importantes y, consecuentemente, realizar la modelización necesaria.

Para conseguir estos objetivos, en la primera parte se dan a conocer los principios fundamentales de funcionamiento a partir del estudio del transformador monofásico sin pérdidas. Esta aproximación inicial describe los procesos electromagnéticos que tienen lugar en el transformador y que determinan su funcionamiento. Posteriormente, se analizan las pérdidas y sus consecuencias, de forma que queda resuelto el análisis integral del transformador monofásico. Una vez completado este estudio y basándose en él, se examina el transformador trifásico, el acoplamiento de transformadores y, por último, el autotransformador.

Es importante destacar la relevancia de los transformadores, ya que permiten adaptar el nivel de tensión de la energía eléctrica al valor adecuado para cada situación, ya sea en generación, en transporte, en distribución o en la utilización de la energía eléctrica. Así pues, cada unidad de potencia eléctrica generada, desde su origen hasta su utilización, experimentará numerosas transformaciones de tensión y estas serán posibles gracias a los transformadores.

En cada capítulo se han introducido los correspondientes problemas resueltos, a fin de servir de guía para la resolución de otros ejercicios similares. Cuando un estudiante es capaz de resolver problemas relativos a la temática estudiada, puede estar seguro de que ha asimilado, de forma satisfactoria, los conocimientos correspondientes.

Índice

1

Teoría general del transformador monofásico sin pérdidas

1.1. Introducción

El transformador es una máquina eléctrica estática cuya finalidad principal es la transformación de la potencia eléctrica, de modo que absorbe potencia eléctrica, definida por las magnitudes de intensidad de corriente y tensión, y suministra, igualmente, potencia eléctrica con diferentes valores de tensión e intensidad.

La necesidad del transformador queda justificada por la de tener diferentes tensiones en las redes eléctricas de potencia. Esto se debe a que, al considerar las pérdidas energéticas por efecto Joule, es más económico disponer de energía eléctrica a tensiones elevadas, puesto que, para una determinada potencia, la intensidad de corriente es menor y, por ende, las pérdidas indicadas. No obstante, existen razones que limitan la elevación de tensión, unas de tipo económico, por el elevado precio de los materiales aislantes, y otras de seguridad.

Así pues, generalmente la energía eléctrica se produce en máquinas que suministran tensiones comprendidas entre 6 kV y 20 kV. Para el transporte de la energía eléctrica, se eleva la tensión a valores que superan los 400 kV (en España, las líneas de mayor tensión son de 400 kV, sin embargo, en otros países este valor queda ampliamente superado). La tensión de las líneas de transporte de energía eléctrica depende de la longitud y de la potencia de ellas, de modo que cuanto mayor sean estas, también lo serán las tensiones. Después del transporte, la tensión se reduce a valores comprendidos entre 66 kV y 132 kV, a fin de realizar un acercamiento a las zonas de utilización. A continuación, se vuelven a reducir a tensiones de unos 10 kV y 20 kV para la distribución en centros urbanos o en polígonos industriales y, por último, sufre otra reducción, generalmente a tensiones inferiores a 1000 V para su utilización en viviendas o en industrias. En la Figura 1.1 se ilustra un esquema de la producción, transporte, distribución y utilización de la energía eléctrica.

La máquina que realiza estas transformaciones es el transformador de potencia, por lo que es evidente su utilidad.

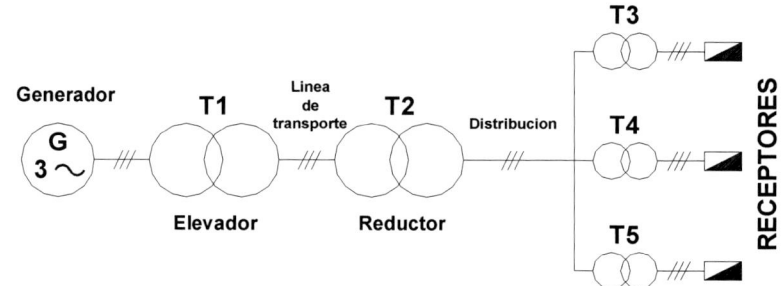

Figura 1.1. Esquema unifilar de un sistema de producción, transporte y distribución de energía eléctrica.

Otras aplicaciones de los transformadores son:

- En circuitos de medida, ya sean de tensión o de corriente, destinados a alimentar aparatos de medida, contadores y, por extensión, relés u otros dispositivos análogos.
- En fuentes de alimentación.
- Para alimentar rectificadores polifásicos.
- Para transformar el número de fases.

En estas aplicaciones, además de utilizarse el transformador para variar tensión, tiene como finalidad realizar un aislamiento galvánico de circuitos a diferentes tensiones.

En general, los transformadores pueden utilizarse parta elevar o reducir la tensión, por lo que pueden funcionar como elevadores o reductores. Cabe señalar que, según la aplicación a la que se destine, un mismo transformador puede ser elevador o reductor.

Así, en los transformadores que funcionen como elevadores se verificará:

$$U_1 < U_2$$

y en los que funcionan como reductores:

$$U_1 > U_2$$

siendo:

U_1: Tensión a la que se conecta el transformador, denominada tensión primaria.

U_2: Tensión que suministra el transformador, denominada tensión secundaria.

Como quedará de manifiesto más adelante, la potencia absorbida por el transformador es aproximadamente igual a la suministrada, es decir, el rendimiento está muy próximo a la unidad, por lo que el producto de tensión, intensidad y factor de potencia primario es muy parecido al producto de estos valores en el secundario. Teniendo en cuenta este hecho y las definiciones de transformador elevador y reductor, en un transformador elevador, la intensidad de corriente primaria es superior a la suministrada, mientras que en un transformador reductor ocurre lo contrario.

1.1.1. Constitución del transformador

Los principales elementos constitutivos del transformador son un núcleo magnético, realizado con material ferromagnético, y dos o más devanados por fase, realizados con material conductor, dispuestos en forma de bobinas arrolladas sobre el núcleo. Además de estos elementos básicos que intervienen directamente en la transformación —núcleo y devanados—, existen otros necesarios para el funcionamiento de la máquina, como son, aislamientos, elementos de refrigeración, de protección, de sujeción, etc.

A continuación, se hace una breve descripción de los más importantes.

1.1.1.1. Circuito eléctrico o devanados

Existen, generalmente, dos circuitos eléctricos por fase acoplados magnéticamente: el circuito de alta tensión, constituido por bobinas con mayor número de espiras, y el circuito de baja tensión, con menor número de espiras. Por otro lado, el circuito primario es el arrollamiento o devanado que recibe la energía eléctrica y el secundario es el que la suministra. Están constituidos principalmente por materiales conductores, como el cobre o el aluminio.

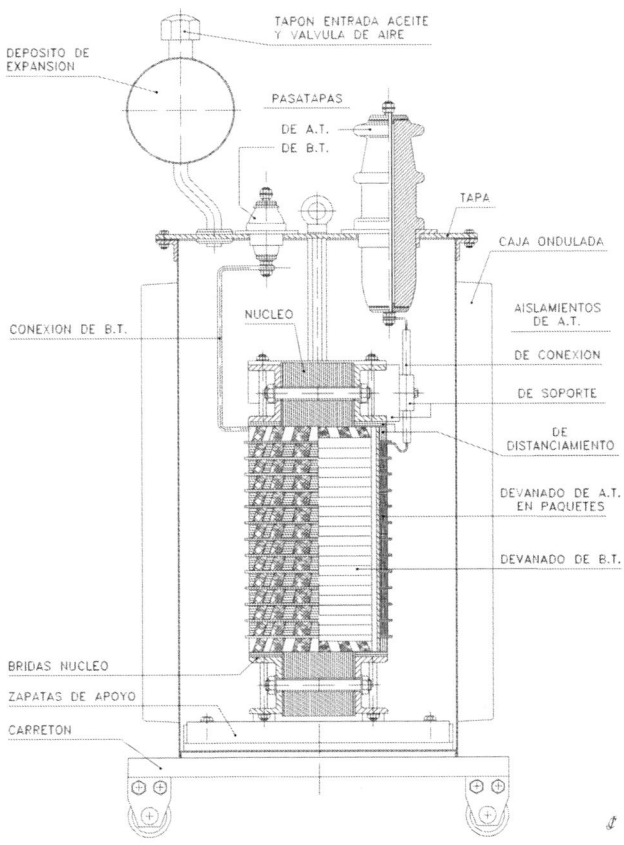

Figura 1.2. Transformador de potencia. Disposición constructiva.

También existen, y resultan ser de gran utilidad, los transformadores de más de dos devanados por fase. En general, la disposición de los devanados puede ser:

- Devanados concéntricos.
- Devanados superpuestos.

Así pues, según el nivel de tensión, los devanados se clasifican como:

- Devanado de alta tensión: aquel que absorbe o suministra la energía eléctrica a tensión superior.
- Devanado de baja tensión: aquel que absorbe o suministra la energía eléctrica a tensión inferior.

1.1.1.2. Circuito magnético

El circuito magnético es el elemento canalizador del flujo, se realiza con chapa de acero aleada con silicio y de espesor comprendido entre 0,2 mm y 0,35 mm. La chapa, una vez laminada, se aísla eléctricamente por una cara a fin de limitar las corrientes de Foucault y así minimizar las pérdidas producidas por esta causa.

Existen dos procesos de laminado de la chapa: laminado en frío y laminado en caliente. La chapa laminada en frío permite obtener, si la dirección del laminado coincide con la del campo magnético, valores elevados de inducción con campos magnéticos relativamente reducidos, así como reducir pérdidas. Por el contrario, con la chapa laminada en caliente, para una misma inducción se requiere mayor intensidad de campo. Los transformadores de potencia elevada se fabrican con chapa laminada en frío, utilizándose la laminada en caliente para unidades de potencia reducida.

La construcción del núcleo se realiza con el apilado de la chapa magnética. Cabe diferenciar entre secciones transversales neta Sn y bruta Sb de la columna o culata; la primera corresponde exclusivamente al material magnético, en la segunda se incluye, además el aislamiento, que no es canalizador del campo magnético.

$$S_n = f_a \cdot S_b$$

siendo f_a el factor o coeficiente de apilado (< 1).

Los dos tipos principales de circuitos magnéticos empleados en los transformadores monofásicos de potencia son los indicados en las figuras siguientes:

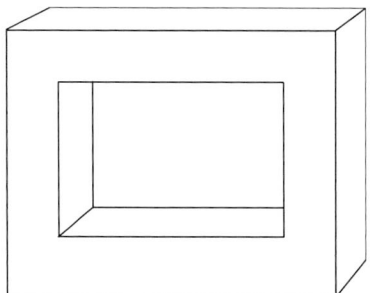

Figura 1.3. Núcleo de columnas.

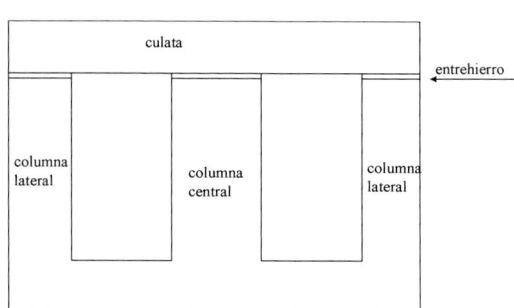

Figura 1.4. Núcleo acorazado.

En ambos núcleos, las piezas verticales se denominan columnas y las horizontales, culatas. El espacio de aire que necesariamente hay, por construcción, entre columnas y culatas se denomina entrehierro, que son cuatro para el caso del primer núcleo y 3, 6 o 7, según construcción, para el acorazado.

En el núcleo de columnas, los dos devanados se disponen cada uno en una columna, mientras que en el acorazado ambos devanados se disponen en la columna central, por lo que, en este último, el campo magnético es producido por los devanados en la columna central, cerrándose dicho campo por las columnas laterales. Por lo tanto, si la inducción magnética debe ser constante en todo el circuito magnético, se cumplirá:

$$\hat{\varnothing}_{co} = 2 \cdot \hat{\varnothing}_{co,lat}$$

$$S_{co} \cdot \hat{B} = 2 \cdot S_{co,lat} \cdot \hat{B}$$

$$S_{co} = 2 \cdot S_{co,lat} = 2 \cdot S_{culatas}$$

siendo:

$\hat{\varnothing}_{co}$, valor máximo del flujo magnético existente en la columna central.

$\hat{\varnothing}_{co,lat}$, valor máximo del flujo magnético existente en cada columna lateral.

S_{co}, sección neta transversal de la columna central.

$S_{co,lat}$, sección neta transversal de cada columna lateral.

$S_{culatas}$, sección neta transversal de cada culata.

$\hat{B}$, valor máximo de la inducción en el núcleo.

Las secciones transversales de los transformadores de reducida potencia suelen ser rectangulares o cuadradas, mientras que los de potencia elevada son escalonadas, a fin de aprovechar al máximo el espacio interior de las bobinas de los devanados, según se observa en la Figura 1.5.

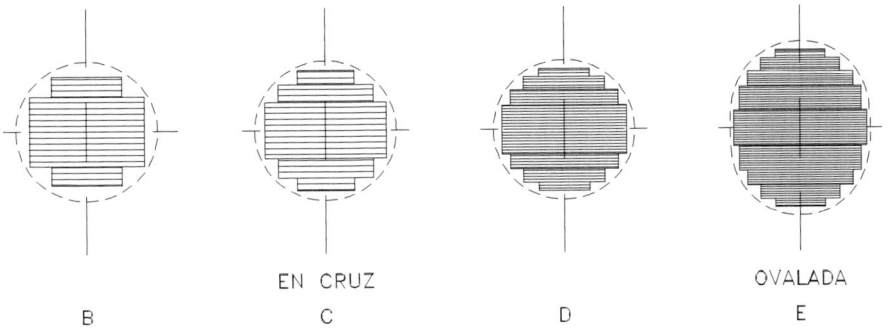

	EN CRUZ		OVALADA
B	C	D	E

Figura 1.5.

1.1.1.3. Dieléctrico

Está fundamentalmente constituido por materiales aislantes y su principal misión es la de separar o aislar puntos del transformador que están a potenciales diferentes.

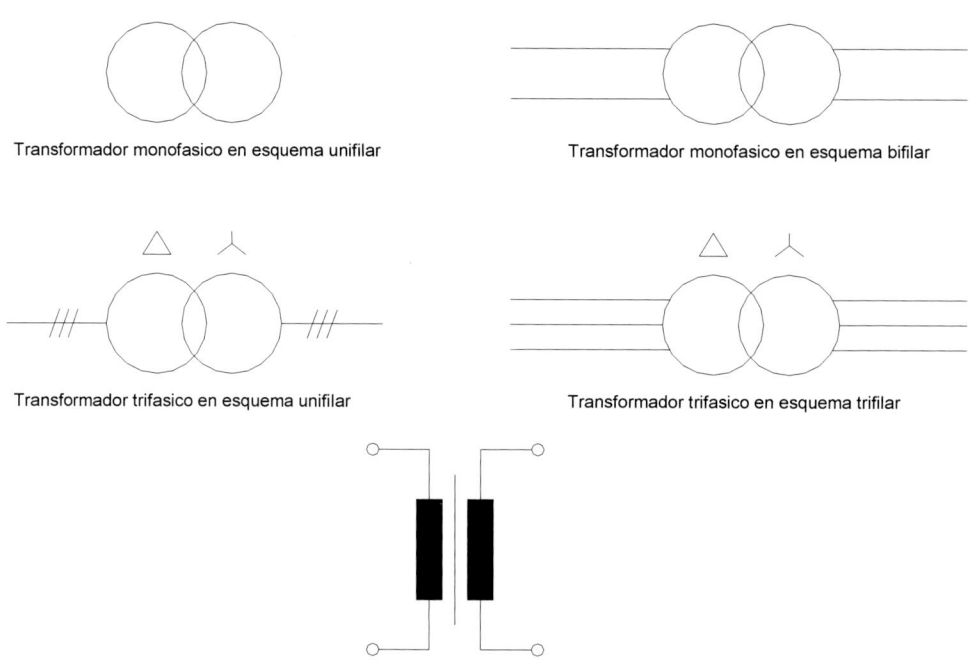

Transformador monofasico en esquema unifilar

Transformador monofasico en esquema bifilar

Transformador trifasico en esquema unifilar

Transformador trifasico en esquema trifilar

Transformador monofasico en esquema bifilar

Figura 1.6. Simbología del transformador en circuitos eléctricos.

Figura 1.7. Transformador monofásico con núcleo acorazado.

1.2. Transformador monofásico sin pérdidas

Un transformador sin pérdidas cumple las siguientes hipótesis:

- La resistencia de los circuitos eléctricos es nula, por lo que no se produce en ellas caídas de tensión ni pérdidas de energía.

- La resistencia eléctrica del núcleo es infinita, por lo que no se producen corrientes de Foucault ni las pérdidas correspondientes.

- No se produce histéresis en el núcleo, es decir, se considera el hierro como un material, en términos magnéticos, infinitamente blando.

- No existen flujos dispersos. La ausencia de fugas magnéticas, significa que todo el campo magnético creado se canaliza a través del circuito magnético, medio de acoplamiento entre los circuitos primario y secundario. Esto equivale a decir que la permeabilidad del medio que rodea el núcleo es nula.

- Los dieléctricos tienen resistividad infinita.

La primera conclusión que se obtiene de la aplicación de las anteriores hipótesis es que no hay pérdidas de potencia activa. Por lo tanto, en virtud del principio de conservación de la energía, la potencia absorbida por el circuito primario será igual a la cedida al sistema receptor por el circuito eléctrico secundario, lo que significa que el rendimiento de un transformador ideal es siempre igual a la unidad.

$$\eta = \frac{P_u}{P_u + P_p} = \frac{P_u}{P_u + 0} = 1$$

siendo: P_u, Potencia útil suministrada por el secundario al sistema receptor (W).

P_p, Potencia pérdida en el transformador (W).

1.2.1. Funcionamiento en vacío: flujo común, fuerzas electromotrices y relación de transformación

Un transformador funciona en vacío cuando la intensidad de la corriente secundaria es nula $(I_2 = 0)$, lo que físicamente equivale a tener el devanado secundario sin carga, abierto.

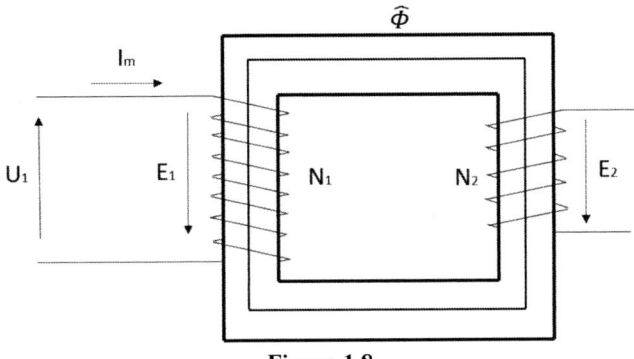

Figura 1.8.

7

A continuación, se estudiarán los procesos electromagnéticos del funcionamiento en vacío de un transformador monofásico de dos devanados, representado esquemáticamente en la Figura 1.8. Además, se determinarán los valores de las magnitudes electromagnéticas presentes en el transformador para este funcionamiento.

Se ha supuesto un transformador reductor, caracterizado, como más adelante se demostrará, por $N_1 > N_2$. El circuito magnético del transformador tiene una longitud media L y una sección transversal neta S_n.

Al conectar el devanado primario a una fuente de tensión, el devanado primario del transformador está sometido a la tensión de red u_1 de variación senoidal, que tiene por expresión:

$$u_1 = \hat{U}_1 sen(\omega \cdot t)$$

siendo:

u_1, Valor instantáneo de la tensión de red aplicada al devanado primario.

$\hat{U}_1$, Valor máximo de la tensión de red, aplicada al devanado primario.

$\omega = 2 \cdot \pi \cdot f$, Pulsación.

f, Frecuencia (ciclos/seg).

La tensión u_1 produce en el devanado primario una intensidad de corriente que, por estar la máquina en vacío se denomina corriente de vacío I_0, que tiene naturaleza también alterna, por serlo la tensión de alimentación.

Esta intensidad de corriente I_0 da lugar a la fuerza magnetomotriz $N_1 I_0$ que, a su vez, origina un flujo magnético, cuyas líneas se cierran, exclusivamente, a través del núcleo, concatenando todas las espiras de los devanados primario y secundario, tal como se muestra en la Figura 1.8.

Como el flujo es variable temporalmente induce, en los devanados, sendas fuerzas electromotrices, cuyos valores instantáneos quedan determinados por las expresiones:

$$e_1 = -N_1 \frac{d\varphi}{dt} \qquad e_2 = -N_2 \frac{d\varphi}{dt}$$

Así pues, en el funcionamiento en vacío del transformador, las magnitudes presentes son la tensión de alimentación, la intensidad de vacío, el flujo, las f.e.m. inducidas en ambos devanados y la tensión obtenida en el circuito secundario. A partir de la tensión de alimentación y de las características constructivas del transformador, se determinarán, a continuación, los valores de estas magnitudes, tanto en valores instantáneos como en eficaces.

Puesto que no se ha considerado la resistencia del circuito primario del transformador, por aplicación de la 2.ª ley de Kirchhoff.

$$u_1 + e_1 = 0 \qquad e_1 = -\hat{E}_1 sen(\omega \cdot t) \qquad E_1 = U_1$$

Por tanto

$$\hat{E}_1 \cdot \text{sen}\,(\omega \cdot t) = N_1 \cdot \frac{d\varphi}{dt}$$

De donde se obtiene:

$$\varphi(t) = \frac{-\hat{E}_1}{\omega \cdot N_1} \cos\,(\omega \cdot t)$$

Ya que la tensión y la f.e.m. tienen el mismo valor máximo, y como, realmente, es el flujo el que crea la f.e.m., conviene poner la expresión del flujo en función de la f.e.m.

Llamando:

$$\hat{\Phi} = \frac{\hat{E}_1}{\omega \cdot N_1}$$

al valor máximo del flujo magnético, se tiene:

$$\varphi = -\hat{\Phi}\cos(\omega t)$$

Y el valor de la f.e.m. secundaria, a partir de la ecuación anterior:

$$e_2 = -N_2 \frac{d\varphi}{dt} = -\hat{\Phi}\cdot N_2 \cdot \omega \cdot \text{sen}\,(\omega t) = -\hat{E}_2\,\text{sen}\,(\omega t)$$

Así pues, partiendo del valor instantáneo de la tensión de alimentación, se obtienen los siguientes valores instantáneos:

$$u_1 = \hat{U}_1\,sen(\omega \cdot t)$$

$$\varphi = -\hat{\Phi}\cos(\omega t)$$

$$e_1 = -\hat{E}_1\,\text{sen}\,(\omega t)$$

$$e_2 = -\hat{E}_2\,\text{sen}\,(\omega t)$$

Y los valores eficaces:

$$U_1 = E_1$$

$$E_2 = \frac{\hat{\Phi}\cdot N_2 \cdot \omega}{\sqrt{2}} = \frac{\hat{\Phi}\cdot N_2 \cdot 2 \cdot \pi \cdot f}{\sqrt{2}} = 4.44 \cdot \hat{\Phi}\cdot N_2 \cdot f$$

$$E_1 = \frac{\hat{\Phi}\cdot N_1 \cdot \omega}{\sqrt{2}} = \frac{\hat{\Phi}\cdot N_1 \cdot 2 \cdot \pi \cdot f}{\sqrt{2}} = 4.44 \cdot \hat{\Phi}\cdot N_1 \cdot f$$

De modo que, partiendo de la tensión de conexión y conociendo las espiras de los devanados se puede obtener el flujo y las f.e.m., tanto en valor instantáneo como eficaz. En cuanto a la tensión secundaria, se puede decir que es igual a la f.e.m. secundaria, o a menos la f.e.m. secundaria, según el sentido que se tome para la tensión. En cualquier caso, en valores eficaces tienen el mismo valor.

$$e_2 = u_2 = -\hat{U}_2 \text{ sen } (\omega t)$$

$$U_2 = E_2$$

Se denomina relación de transformación de un transformador monofásico a la relación existente entre el número de espiras del devanado primario y el número de espiras del devanado secundario. Se representa por "m".

$$m = \frac{N_1}{N_2}$$

A través de las ecuaciones de los valores eficaces de las f.e.m. se llega a la igualdad:

$$m = \frac{N_1}{N_2} = \frac{E_1}{E_2} = \frac{U_1}{U_2}$$

Hay que tener en cuenta, de esta expresión, que la última igualdad (mismos valores de tensiones y fuerzas electromotrices) solamente es válida para el caso del transformador sin pérdidas que se está estudiando.

El cálculo de la corriente de vacío o magnetizante I_m se realiza aplicando la ley de Ampère:

$$\sum \hat{H} L = N \hat{I}_m$$

Como el flujo ya se ha calculado, se puede obtener la inducción, para lo que es necesario saber la sección del núcleo. Conocida la inducción, se obtiene el valor de la intensidad de campo H en cada zona del núcleo a través de la permeabilidad, que es constante en los entrehierros y queda determinada por la característica de B-H (inducción-intensidad de campo) para las zonas ferromagnéticas.

Dado que la relación entre la intensidad de campo y la inducción en general no es lineal, se infiere que, aunque el flujo y la inducción sean de variación senoidal, la intensidad de campo y, por tanto, la corriente magnetizante no lo son. Debido al carácter periódico de esta corriente, se puede descomponer en la componente fundamental más una serie de armónicos (3,5,7, etc.). Para realizar su cálculo, se obtiene el valor máximo y se divide por raíz de 2, el eficaz.

Del estudio anterior se deduce que el comportamiento del transformador en vacío es el mismo que el de una reactancia inductiva en núcleo ferromagnético, por tanto, de comportamiento no lineal.

En definitiva, para el cálculo de la intensidad de vacío se parte del flujo, a continuación, se obtienen las diferentes inducciones en las diferentes partes del núcleo, las intensidades de campo y se aplica la ecuación del teorema de Ampère. Esta intensidad, aunque queda claro que no es de variación senoidal, se representa en un diagrama fasorial como si lo fuera y su valor instantáneo es:

$$i_m = - \hat{I}_m \cos(\omega\, t)$$

La corriente magnetizante está en fase con el flujo, dada la relación entre una y otra magnitud.

Convendría, en este momento, aclarar el "criterio de signos" empleado en la Figura 1.8 y que se utilizará en lo sucesivo:

- El signo de la tensión primaria se elige en el sentido que se desee, en principio + arriba.
- El signo de la corriente primaria es el que está favorecido por la tensión primaria.
- El sentido del flujo en el núcleo lo determinará la regla de la mano derecha según la dirección de la corriente primaria y el sentido de arrollamiento del devanado primario.
- El sentido de las f.e.m. queda determinado según la variación del flujo. Se ha supuesto, para el instante considerado, que el flujo es creciente, por lo que las ff.ee. mm. correspondientes se oponen (-dφ/dt) al crecimiento del flujo.

1.2.2. Diagrama fasorial de la marcha en vacío

Se trata de representar las magnitudes que intervienen en el funcionamiento del transformador ideal en vacío, a través del correspondiente diagrama fasorial. Y ello se puede hacer, por tratarse de variaciones senoidales, haciendo uso de la representación fasorial de Fresnel. En ella, cada fasor representa una magnitud que, en el caso del transformador estático, varía senoidalmente en el dominio del tiempo. El módulo de cada fasor, en general, es igual al valor máximo de la respectiva magnitud.

Recordando las expresiones obtenidas:

$$u_1 = \hat{U}_1\, sen(\omega \cdot t)$$

$$\varphi = - \hat{\Phi} \cos(\omega\, t)$$

$$e_1 = - \hat{E}_1\, sen\,(\omega\, t)$$

$$e_2 = -\hat{E}_2\, sen\,(\omega\, t)$$

$$i_m = - \hat{I}_m \cos(\omega\, t)$$

y tomando como origen de fases el flujo común, por ser lo único en común entre ambos circuitos eléctricos, el diagrama fasorial queda como se muestra en la Figura 1.9.

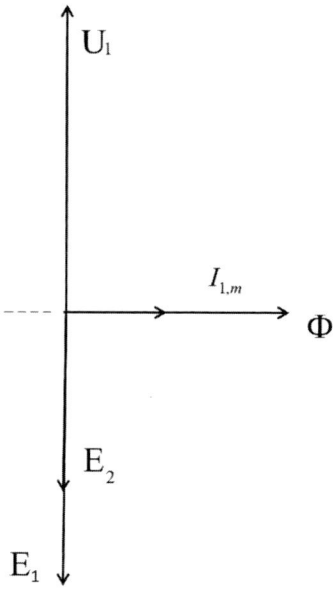

Figura 1.9.

1.2.3. Funcionamiento en carga: flujo resultante y relación de intensidades

Considérese un transformador ideal monofásico de dos devanados, con los arrollamientos primario y secundario dispuestos en diferentes columnas (Figura 1.10).

Inicialmente, se supone el interruptor unipolar (b) situado en el lado secundario, en posición de abierto, y el devanado primario conectado a la red. Asimismo, se considera que el receptor que se tiene en bornes del secundario es lineal, suma de una resistencia e inductancia.

En estas condiciones, ya se ha visto que, en virtud de la ley de inducción de Faraday, se induce en el devanado primario una fuerza electromotriz de valor eficaz E_1 y, de forma análoga, en el secundario se induce también una fuerza electromotriz de valor eficaz E_2.

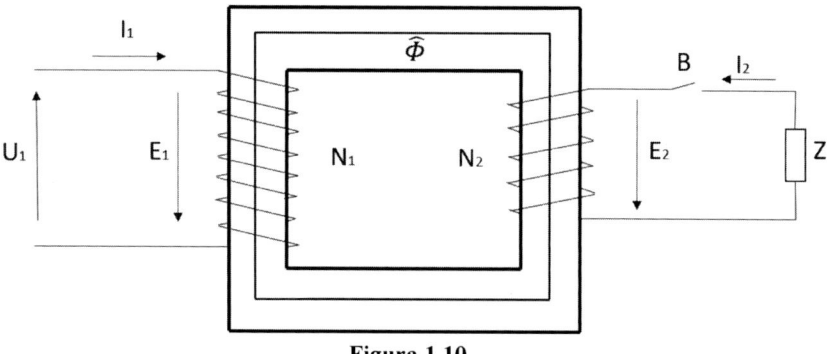

Figura 1.10.

Si se cierra el interruptor (b) del lado secundario, por este circuito, debido a la f.e.m. secundaria circula una intensidad de corriente alterna, denominada corriente secundaria y que se representa por i_2 (valor instantáneo), motivada por la fuerza electromotriz o tensión secundaria. Esta corriente da lugar a una tensión magnética de valor eficaz $N_2 I_2$ que, en principio, se podría pensar que alteraría el campo magnético resultante en la máquina creado por la tensión magnética $N_1 I_m$. Sin embargo, el flujo resultante en el núcleo no puede modificarse, ya que viene impuesto por la f.e.m. primaria que es igual a la tensión de alimentación, y esta se supone que siempre es constante.

En definitiva, si el campo magnético no se puede modificar, y ha aparecido una tensión magnética adicional producida por una intensidad de corriente secundaria, lo que necesariamente tiene que suceder es que se cree una corriente en el circuito primario (I'_1) que compense la tensión magnética adicional del circuito secundario. Es decir:

$$N_1 \cdot \vec{I_m} + N_1 \cdot \vec{I'_1} + N_2 \cdot \vec{I_2} = N_1 \cdot \vec{I_m}$$

Y el flujo resultante en el núcleo es el mismo que cuando la máquina funcionaba en vacío, en definitiva, el campo magnético en el núcleo es el mismo en vacío que en carga en el transformador sin pérdidas.

Hay otra razón para pensar que no podía ser de otra forma. Efectivamente, si en vacío el transformador absorbe únicamente la corriente magnetizante I_m, cuando está en carga alimentando receptores, esa corriente necesariamente debe cambiar. Esto se debe a que, en un transformador sin pérdidas, toda la potencia que suministra por el circuito secundario la tiene que tomar de la red por el primario y eso solo puede ser a través de una corriente:

$$U_1 \cdot I_1 \cdot \cos\varphi_1 = U_2 \cdot I_2 \cdot \cos\varphi_2$$

De las ecuaciones anteriores se obtiene la relación de intensidades en el transformador en carga:

$$N_1 \cdot \vec{I_m} + N_1 \cdot \vec{I'_1} + N_2 \cdot \vec{I_2} = N_1 \cdot \vec{I_m}$$

Por tanto

$$N_1 \cdot \vec{I'_1} + N_2 \cdot \vec{I_2} = 0$$

En consecuencia

$$N_1 \cdot \vec{I'_1} = - N_2 \cdot \vec{I_2}$$ o bien, en valores instantáneos $N_1 \cdot i'_1 = - N_2 \cdot i_2$

Siendo la relación de intensidades:

$$\frac{I_2}{I'_1} = \frac{N_1}{N_2} = \frac{E_1}{E_2} = \frac{U_1}{U_2} = m$$

Que se puede aproximar a:

$$m = \frac{N_1}{N_2} = \frac{E_1}{E_2} = \frac{U_1}{U_2} \cong \frac{I_2}{I_1}$$

$$U_2\, I_2 \cong U_1\, I_1$$

Ya que la corriente de vacío es muy pequeña en comparación con la de plena carga o nominal del transformador, generalmente del 1 % al 2 % para transformadores de potencia superior a centenas de kVA, y puede alcanzar del 15 % al 20 % en transformadores de unas pocas decenas de VA.

Así pues, corriente total por el primario es:

$$\vec{I}_1 = \vec{I}'_1 + \vec{I}_m$$

Se dice que un transformador de potencia trabaja a plena carga o potencia nominal cuando, estando conectado a su tensión nominal, suministra la máxima potencia posible sin sufrir ningún deterioro, especialmente por calentamientos:

$$P_N = U_2\, I_2 \ (VA)$$

Los valores de potencia y tensión se indican en la placa de características del transformador y, en ocasiones, también se incluyen la intensidad de corriente.

1.2.4. Diagrama fasorial de la marcha en carga

Se trata de representar en un diagrama fasorial las magnitudes presentes en el funcionamiento de un transformador ideal en carga. Para ello, de las ecuaciones obtenidas para el funcionamiento en vacío:

$$u_1 = \hat{U}_1\, sen(\omega \cdot t)$$

$$\varphi = -\hat{\Phi} \cos(\omega\, t)$$

$$e_1 = -\hat{E}_1\, sen(\omega\, t)$$

$$e_2 = -\hat{E}_2\, sen(\omega\, t)$$

$$i_m = -\hat{I}_m \cos(\omega\, t)$$

Se deben incluir las ecuaciones de las intensidades de corriente en los dos devanados. Suponiendo en general que los receptores son de carácter inductivo, es decir, que la onda de intensidad de corriente esté retrasada respecto de la tensión secundaria

$$i_2 = -\hat{I}_2\, sen\left(\omega\, t - \varphi_2\right)$$

Como se cumple:

$$N_1 \cdot \vec{i'_1} = - N_2 \cdot \vec{i_2}$$

La intensidad primaria

$$i'_1 = \hat{I'}_1 \text{ sen } (\omega \, t\text{-} \varphi_2)$$

$$i_1 = i'_1 + i_m$$

Con lo que el diagrama fasorial es el indicado en la Figura 1.11, en el que se ha tomado como origen de fases el flujo común:

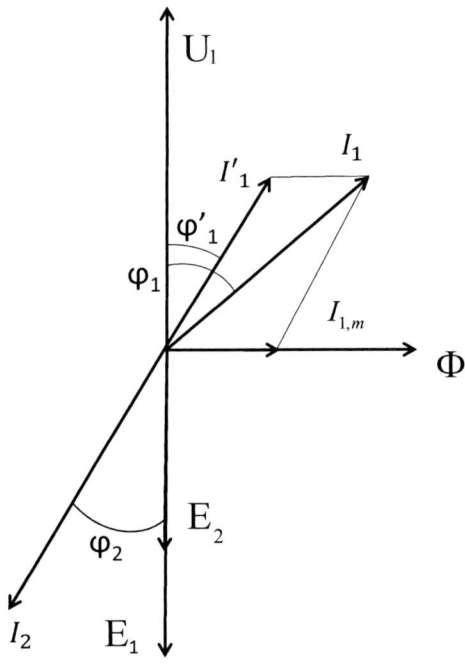

Figura 1.11.

2

Transformador monofásico real

2.1. Introducción

En el tema anterior se estudiaron las bases del funcionamiento del transformador, es decir, la razón por la que una máquina puede modificar los valores de la tensión e intensidad a través del campo magnético para adaptarse a unas necesidades concretas, manteniendo la potencia constante. En este tema se van a considerar las pérdidas que puede haber en él. De forma que, en este caso, la potencia que absorbe y la que cede ya no serán las mismas.

Se tendrá en cuenta que en los circuitos magnético y eléctrico que lo constituyen, así como en los aislamientos, se producen pérdidas. Concretamente se considerará la histéresis magnética y las corrientes de Foucault en el núcleo; se tendrá en cuenta que los devanados presentan una resistencia eléctrica al paso de la corriente; se considerarán las corrientes de fuga a través de los aislamientos y; por último, debido a que el medio que envuelve el transformador tiene una permeabilidad no nula, se valorarán los flujos de dispersión y sus consecuencias.

2.2. Causas y efectos de las pérdidas

A continuación, se enumeran las principales causas de las pérdidas en los transformadores, así como los efectos que estas producen.

2.2.1. Flujos de dispersión

El espacio que rodea el núcleo ferromagnético de un transformador no es un aislante magnético perfecto con permeabilidad nula —como se supuso en el tema anterior—, sino un medio paramagnético constituido fundamentalmente por aire, aceite, conductores y aislamientos, que, aunque no conduce la mayor parte del campo magnético como el núcleo, tampoco puede considerarse que no circule ningún flujo por él. Así, el medio circundante al núcleo canaliza una parte del campo magnético, que se denomina campo magnético disperso o flujos de dispersión.

Como estos flujos de dispersión son variables en el dominio del tiempo, en virtud de la ley de inducción de Faraday, producen, en los devanados que concatenen, fuerzas electromotrices, que se identificarán como caídas de tensión de carácter reactivo.

2.2.2. Pérdidas energéticas en el núcleo

Como consecuencia de que el flujo canalizado a través del núcleo es variable, se originan en él fenómenos de histéresis magnética y circulación de corrientes de Foucault, a los que corresponde unas pérdidas energéticas que se traducen fundamentalmente en un calentamiento del núcleo. Dichas pérdidas de energía reciben el nombre de pérdidas en el núcleo.

2.2.3. Pérdidas por efecto Joule en los conductores

El conductor de los devanados presenta una resistencia óhmica no nula, por lo que al pasar corriente por ellos se producen unas pérdidas de energía por efecto Joule, que se traducen en un calentamiento de los devanados y, por otra parte, unas caídas de tensión de tipo óhmico.

2.2.4. Pérdidas en el aislamiento

Finalmente, además del circuito magnético y del circuito eléctrico, el transformador dispone de dieléctricos o aislantes. Se puede justificar que este medio dieléctrico, que separa entre sí a las espiras de los dos circuitos y a estas del núcleo, actúa como el dieléctrico de un condensador. Así, entre conductor y conductor, y entre conductor y núcleo, hay una diferencia de potencial que sería la aplicada sobre las armaduras de un condensador imaginario. Teniendo en cuenta que la tensión es alterna, se produce una corriente por inducción electrostática, esto es, una intensidad de corriente de carácter puramente capacitiva.

Por otra parte, dado que no existe el aislante perfecto, también se produce el paso de una intensidad de corriente de naturaleza activa, de valor numérico muy pequeño, y tanto más cuanto mayor sea la resistividad del aislante. Esta corriente alterna activa se suma fasorialmente a la intensidad de corriente capacitiva, obteniéndose como resultado una intensidad de corriente total de los aislantes. Como consecuencia de la existencia de la mencionada corriente, se originan pérdidas de energía que son causa de calentamientos.

De los cuatro apartados anteriores se deduce que resulta inevitable, en un transformador real, admitir una serie de pérdidas de energía y de caídas de tensión, que en el tema anterior no se habían considerado.

A modo de resumen se puede indicar que las pérdidas en los transformadores tienen las siguientes consecuencias:

2.2.4.1. Pérdidas de energía

Debido a la histéresis y las corrientes de Foucault que se producen en el núcleo ferromagnético, debido a la resistencia de los devanados y a causa de la resistencia eléctrica de los aislamientos.

Cabe hacer la observación de que las pérdidas de energía afectan al rendimiento de la máquina y al calentamiento de la misma, lo que obliga a una limitación del régimen de carga para evitar que se alcancen temperaturas inadmisibles en algún punto de la máquina.

2.2.4.2. Caídas de tensión

Son consecuencia de la resistencia de los devanados y de los flujos de dispersión, la primera produce una c.d.t. óhmica y la segunda de tipo inductivo.

Estas c.d.t. determinarán que, a igualdad de tensión primaria U_1, la tensión de salida del transformador real será, en general, diferente que en el ideal y variable según la corriente que suministra, cuanta más intensidad de corriente suministrada, mayor variación.

2.3. Pérdidas en los devanados

Los devanados de los transformadores están constituidos por conductores, que pueden ser de cobre o de aluminio, y por los aislamientos que separan las espiras conductoras entre sí y del núcleo magnético. En ambos circuitos (primario y secundario), tanto en el hilo conductor como en los dieléctricos, se producen las pérdidas de potencia que a continuación se analizan.

2.3.1. Pérdidas en el circuito conductor: resistencias óhmicas, caídas de tensión activas y pérdidas por efecto Joule

La resistencia de los devanados para una determinada temperatura de trabajo vendrá dada por las siguientes expresiones:

para el primario:

$$R_1 = \rho_1 \frac{L_1}{S_1}$$

para el secundario:

$$R_2 = \rho_2 \frac{L_2}{S_2}$$

Hay que hacer notar que en estos valores se incluye el efecto pelicular, ya que el transformador siempre funciona con c.a.

Las resistencias óhmicas definen unas caídas de tensión de valor instantáneo:

$$u_{r1} = R_1 \cdot i_1$$

$$u_{r2} = R_2 \cdot i_2$$

Y de valor eficaz:

$$U_{r1} = R_1 \cdot I_1$$

$$U_{r2} = R_2 \cdot I_2$$

Por otro lado, también determinan unas pérdidas de potencia de valor:

$$P_{c1} = R_1 \cdot I_1^2$$

$$P_{c2} = R_2 \cdot I_2^2$$

Siendo, respectivamente, las pérdidas por efecto Joule en los conductores de uno y otro circuito, las consecuencias de las resistencias de los devanados serán, por un lado, una pérdida de potencia que, con el tiempo determinan unas pérdidas de energía y, por otro lado, una c.d.t. Efectivamente, en el transformador sin pérdidas se aplican las ecuaciones ya vistas en el tema anterior:

$$u_1 + e_1 = 0 \; ; \quad u_2 + e_2 = 0$$

Teniendo en cuenta las resistencias de los devanados, estas ecuaciones se transforman en:

$$u_1 + e_1 = R_1 \cdot i_1 \; ; \quad u_2 + e_2 = R_2 \cdot i_2$$

Lo que significa que la f.e.m. primaria es diferente a la tensión primaria, al igual que en el circuito secundario. Es decir, las tensiones no cumplirán la relación de transformación. Sin embargo, las f.e.m.s, sí, de acuerdo con la definición de la relación de transformación.

2.3.2. Pérdidas en el sistema dieléctrico

El circuito dieléctrico tiene la función de separar partes del transformador que están sometidas a diferente potencial, como las espiras consecutivas, los conductores y masa, el devanado primario y el devanado secundario, etc.

En cualquier caso, el circuito dieléctrico se caracteriza por ser un material muy mal conductor, esto es, aislante. No obstante, en los aislantes ideales la resistividad vale infinito; no obstante, no hay ningún material que dé esa resistividad. Por lo que, de forma general, tienen una resistencia, aunque de valor muy elevado, lo que determina el paso de una corriente muy reducida a través de ellos.

$$I_{aislam} = \frac{U}{R_{aislam}}$$

Siendo U la diferencia de potencial existente entre los extremos del aislamiento.

Por tanto, como hay una corriente de paso como consecuencia de tener una resistencia finita, se originan unas pérdidas de energía por efecto Joule que son las llamadas pérdidas energéticas en los aislamientos:

$$P_{aislam} = R_{aislam1} \cdot I_{aislam}^2$$

Por otro lado, si el aislante separa dos partes conductoras, en realidad se comporta, además, como un condensador, cuyas armaduras son las partes conductoras del circuito eléctrico y cuyo dieléctrico es el aislamiento propiamente dicho, por lo que se puede definir una reactancia capacitiva de valor:

$$X_a = \frac{1}{\omega \cdot C} = \frac{1}{2 \cdot \pi \cdot f \cdot C}$$

y consecuentemente habrá corriente reactiva:

$$I_{aislam,cap} = \frac{U}{X_a}$$

La corriente I_{aislam} estará en fase con la tensión y la $I_{aislam,cap}$ adelante 90° respecto de esta, la intensidad de corriente total, será la suma fasorial de ellas, que tiene un ángulo muy próximo a 90°, ya que la componente activa es muy pequeña.

Como estas corrientes dependen de la tensión, en transformadores que funcionan con tensiones muy elevadas tienen bastante importancia, no así en los de baja tensión.

2.4. Efectos de la dispersión magnética: caídas de tensión reactivas

Sea un transformador monofásico de dos devanados, con núcleo ferromagnético de columnas, representado esquemáticamente en la Figura 2.1.

Admitiendo que el medio que envuelve al transformador no es de permeabilidad magnética nula, aparecen unos flujos generados por las tensiones magnéticas de cada devanado que se cierran a través del mencionado medio paramagnético, concatenando a uno y otro circuito eléctrico y que no intervienen en la transmisión de energía.

Estos flujos son los llamados flujos de dispersión, ϕ_{d1} y ϕ_{d2}. De modo que el flujo total producido por el devanado primario será:

$$\phi_{p1} = \phi_1 + \phi_{d1}$$

Análogamente, el flujo total producido por el devanado secundario:

$$\phi_{p2} = \phi_2 + \phi_{d2}$$

Observar que en las expresiones anteriores las sumas son aritméticas, ya que los flujos de cada devanado, son producidos por las mismas tensiones magnéticas $N_1 I_1$ y $N_2 I_2$ respectivamente.

Se deduce fácilmente que las diferencias entre el flujo que se cierra por el circuito ferromagnético y los flujos de dispersión primario y secundario se deben fundamentalmente a las reluctancias de los circuitos magnéticos respectivos y, como el material ferromagnético tiene una permeabilidad miles de veces superior al aire, aunque la sección del aire es mucho más elevada, se puede concluir que el flujo de dispersión será mucho más reducido que el flujo canalizado por el núcleo. Dependiendo de tipos de transformadores el valor del flujo de dispersión puede variar entre el 1 % y el 10 % del flujo canalizado por el núcleo.

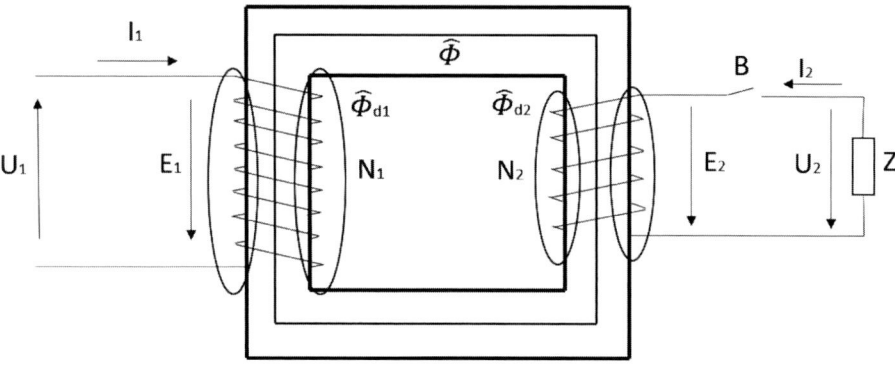

Figura 2.1.

Estos flujos generaran, en ambos devanados sendas f.e.m. Así se puede decir que los flujos que se cierran o concatenan ambos devanados son:

Para el circuito primario:

$$\phi_{t1} = \phi_1 + \phi_2 + \phi_{d1} = \phi + \phi_{d1}$$

Y para el secundario:

$$\phi_{t2} = \phi_1 + \phi_2 + \phi_{d2} = \phi + \phi_{d2}$$

Ya que la suma de los ϕ_1 y ϕ_2 dan como resultado el flujo que se cierra por el núcleo que, como se vio en el tema anterior, es el flujo de vacío. Hay que aclarar en esta conclusión, ya que en el transformador sin pérdidas este flujo es exactamente igual al de vacío, pero considerando las pérdidas no es lo mismo, ya que además del flujo de vacío está el de dispersión. Más adelante se aclarará esta cuestión y se entenderá mejor la razón por la que en el transformador real el flujo de vacío y de carga no tienen exactamente el mismo valor, aunque son muy parecidos.

Estos flujos son creados por las tensiones magnéticas primaria y secundaria dependientes de las intensidades de corriente, es por lo que serán variables en el dominio del tiempo, por serlo las corrientes, y en virtud de la ley de inducción de Faraday, darán lugar a fuerzas electromotrices inducidas en ambos devanados:

$$e_{t1} = -N_1 \frac{d\varphi_{t1}}{dt} = -N_1 \frac{d(\varphi + \varphi_{d1})}{dt} = -N_1 \frac{d\varphi}{dt} - N_1 \frac{d\varphi_{d1}}{dt}$$

$$e_{t2} = -N_2 \frac{d\varphi_{t2}}{dt} = -N_2 \frac{d(\varphi + \varphi_{d2})}{dt} = -N_2 \frac{d\varphi}{dt} - N_2 \frac{d\varphi_{d2}}{dt}$$

Los primeros términos de las ecuaciones anteriores se corresponden con las f.e.m. creadas por el campo magnético que se cierra por el núcleo, cuyos valores ya se obtuvieron en el tema anterior, mientras que los términos que en segundo lugar se corresponden con las f.e.m. producidas por los flujos de dispersión. A continuación, se valorarán estas f.e.m.

Partiendo de la expresión de la tensión de alimentación del transformador:

$$u_1 = \hat{U}_1 \cdot \text{sen}\,(\omega\,t)$$

si el receptor es de carácter inductivo, la ecuación de intensidad vendrá dada por la ecuación, siendo δ_1 el desfase

$$i_1 = \hat{I}_1 \cdot \text{sen}\,(\omega\,t\text{-}\delta_1)$$

Y, por tanto, el flujo:

$$\varphi_1 = \hat{\phi}_1 \cdot \text{sen}\,(\omega\,t\text{-}\delta_1)$$

Para obtener el valor instantáneo y eficaz de esta f.e.m. se procederá como en el tema anterior, y resultará:

$$E_{d1} = 4.44 \cdot \hat{\Phi}_{d1} \cdot N_1 \cdot f$$

De forma análoga, se procederá para el circuito secundario, obteniéndose:

$$E_{d2} = 4.44 \cdot \hat{\Phi}_{d2} \cdot N_2 \cdot f$$

Hay otra forma de analizar los efectos del flujo de dispersión, y es a través del coeficiente de autoinducción:

$$e_{t1} = -N_1\frac{d\varphi}{dt} - N_1\frac{d\varphi_{d1}}{dt} = e_1 - N_1\frac{d\varphi_{d1}}{di_1}\frac{di_1}{dt} = e_1 - L_1\frac{di_1}{dt}$$

Análogamente, para el circuito secundario:

$$e_{t2} = -N_2\frac{d\varphi}{dt} - N_2\frac{d\varphi_{d2}}{dt} = e_2 - N_2\frac{d\varphi_{d2}}{di_2}\frac{di_2}{dt} = e_2 - L_2\frac{di_2}{dt}$$

Como es sabido, el coeficiente de autoinducción, en general, no es un valor constante, ya que es la variación del flujo respecto de la intensidad y solamente es constante cuando la relación entre esas magnitudes lo sea. En el caso de los flujos de dispersión, que son campos magnéticos que están en el aire, esa relación sí es fija, ya que depende de la permeabilidad del aire (m_0) que es un invariable. En el caso del campo magnético que se cierra por el núcleo, se calculó el valor de la f.e.m. a través de la derivada del flujo. De esta forma, aunque conceptualmente es lo mismo, para flujos de dispersión se trata mediante el coeficiente de autoinducción, mientras que para el flujo del núcleo, a través de la obtención de la f.e.m.

A continuación, se estudiará la consecuencia de la existencia de los flujos de dispersión. Partiendo de las ecuaciones de tensiones en ambos devanados:

$$u_1 + e_{1t} = R_1 \cdot i_1 \qquad\qquad u_2 + e_{2t} = R_2 \cdot i_2$$

Quedarán de la siguiente forma:

$$u_1 + e_1 = R_1 \cdot i_1 + L_1 \frac{di_1}{dt} \qquad\qquad u_2 + e_2 = R_2 \cdot i_2 + L_2 \frac{di_2}{dt}$$

Lo que significa que hay dos causas por las que las f.e.m. y las tensiones son diferentes, las c.d.t. óhmicas y las c.d.t. inductivas, ambas dependientes de la intensidad. La solución a las ecuaciones diferenciales anteriores para el régimen permanente, expresadas en términos fasoriales, son:

$$\vec{U}_1 + \vec{E}_1 = R_1 \cdot \vec{I}_1 + jL_1 \cdot \omega \cdot \vec{I}_1 \qquad\qquad \vec{U}_2 + \vec{E}_2 = R_2 \cdot \vec{I}_2 + jL_2 \cdot \omega \cdot \vec{I}_2$$

Así pues, se tendrá en términos de valores eficaces:

$$E_1 \neq U_1 \qquad\qquad E_2 \neq U_2$$

Indicar que los flujos de dispersión no producen pérdidas de potencia, ya que son campos magnéticos que se establecen principalmente por el aire y, por lo tanto, no afecta en absoluto el rendimiento del transformador.

Considerando estas pérdidas, sí que se puede decir que el flujo en el núcleo del transformador varía, aunque en muy poca cantidad, del funcionamiento en vacío al de carga. Esta diferencia se debe a que la f.e.m. inducida por el flujo del núcleo no es la misma en vacío que en carga, esta diferencia se debe a la existencia de las c.d.t.

En vacío: $u_1 + e_{10} = 0$

En carga: $u_1 + e_{1c} = R_1 \cdot i_1 + L_1 \frac{di_1}{dt}$

Si la tensión es la misma, lógicamente: $e_{10} \neq e_{1c}$

2.5. Energéticas en el núcleo: pérdidas electromagnéticas

Las pérdidas energéticas en el material ferromagnético que constituyen el núcleo del transformador se deben a dos causas:

- A la tendencia de los materiales ferromagnéticos a conservar su estado de imantación, oponiéndose a que se modifique, lo que ocasiona las llamadas pérdidas por histéresis. Así cuando se somete un material magnético a una intensidad de campo alterna, los valores de la inducción cuando la intensidad de campo va aumentando son inferiores a los valores de inducción cuando la intensidad de campo disminuye. El fenómeno conocido por el nombre de histéresis es el resultado de la propiedad del material de conservar su imantación o de oponerse a una variación del estado magnético. La pérdida por histéresis es la energía que hay que aportar para vencer esta oposición y, por tanto, está asociada solamente a una variación cíclica de la tensión magnética aplicada.

- A las corrientes de Foucault que se inducen en los materiales magnéticos por ser el flujo variable en el tiempo. Este flujo crea unas f.e.m. en el interior del material y, como es conductor, unas corrientes eléctricas y, por consiguiente, unas pérdidas energéticas por efecto Joule.

La suma de las pérdidas por histéresis P_H y por corrientes de Foucault P_F totalizan las pérdidas en el hierro P_{fe}

$$P_{fe} = P_H + P_F$$

Unas y otras pérdidas se producen, únicamente cuando el campo magnético es variable en el tiempo y se establece en un material conductor, por tanto, no se producirá cuando el campo magnético está en el aire o este campo es constante.

2.5.1. Pérdidas por histéresis magnética

En general, los materiales magnéticos tienen un comportamiento microscópico complejo, que se caracteriza, a nivel macroscópico, por la falta de linealidad de la curva de inducción $B = f(H)$, así como una imantación remanente más o menos elevada según el tipo de material.

La imantación de un material ferromagnético y su desimantación, bajo la acción de un campo magnético variable, describe una curva como la indicada en la Figura 2.2. Ello es debido a que los materiales ferromagnéticos están constituidos por redes cristalinas en las que se agrupan átomos que producen campos magnéticos en la misma dirección. A estos conjuntos se les denominan dominios magnéticos o de Weiss. De modo que un material de estas características está compuesto por un elevado número de dominios orientados cada uno de ellos de forma aleatoria. De esta forma el campo magnético resultante producido por la acción de los diversos dominios es nulo. No obstante, cuando es sometido a un campo magnético externo, producido por una bobina por la que circula una corriente, los dominios cuya dirección de campo magnético son más coincidentes con el campo exterior aplicado, van aumentando de tamaño a costa de tomar átomos de dominios próximos. Así pues, en esta situación, la inducción obtenida por el conjunto bobina y material es superior a la que produciría solamente la bobina. A medida que crece el campo exterior aplicado aumenta la inducción, inicialmente de forma lineal, hasta llegar el momento en que todos los dominios están orientados, produciéndose, posteriormente una rotación de los dominios en la dirección del campo externo. De modo que, en primer término, hay un aumento lineal de dominios y posteriormente una rotación, llegado este momento, el material está saturado. La razón por la que se utilizan materiales magnéticos en la construcción de máquinas eléctricas es porque la inducción que se obtiene cuando el campo magnético se produce en el hierro es del orden de miles de veces superior a si se produce en el aire. Es como si estos dominios de Weiss amplificaran de forma muy importante el campo magnético aplicado mediante la circulación de corriente por una bobina.

Para este proceso de imantación es necesario que haya una absorción de energía de la red a la que se conecta la bobina, esta energía necesaria para formar y mantener el campo magnético se obtiene por la siguiente expresión:

$$dW_0 = P_0\, dt = u_1 \cdot i_0 dt = -e_1 \cdot i_0 dt = -(-N_1\, \frac{d\phi}{dt}) \cdot i_0 dt = N_1 \cdot i_0 \cdot d\phi$$

la variación temporal del flujo se corresponderá con la variación temporal de la inducción, para una sección del circuito magnético constante:

$$d\phi = d(S \cdot b) = S \cdot db$$

Por otro lado, la intensidad de campo en valor instantáneo es:

$$h = \frac{N_1 \cdot i_0}{L}$$

sustituyendo:

$$dW_0 = N_1 \cdot i_0 \cdot d\phi = N_1 \cdot i_0 \cdot S \cdot db = h \cdot L \cdot S \cdot db = V \cdot h \cdot db$$

siendo:

V: el volumen del circuito magnético.

h: el valor instantáneo de la intensidad del campo magnético.

i_0: el valor instantáneo de la intensidad de vacío.

L: la longitud media del circuito magnético.

b: el valor instantáneo de la inducción magnética.

integrando la ecuación diferencial resulta:

$$W_0 = \int_0^{+\hat{B}} dW_0 = \int_0^{+\hat{B}} V \cdot h \cdot db = V \int_0^{+\hat{B}} h \cdot db$$

Esta integral (Figura 2.2.) se corresponde con el área limitada por la curva B = f (H) del material, el eje de ordenadas y las rectas paralelas al eje de abscisas que pasan por el punto de máxima inducción (A), es decir, el área delimitada por los puntos OACO. De modo que, cuando se crea el campo magnético es necesaria la absorción de energía que vendrá de la red. Cuando se desmagnetiza el material la curva B = f (H) no tiene el mismo recorrido, y el área que genera es la ADCA. Lo que significa que hay parte de la energía que absorbió que es devuelta a la red, ya que ahora la energía es:

$$W_0 = V \int_{+\hat{B}}^0 h \cdot db$$

Es decir, negativa.

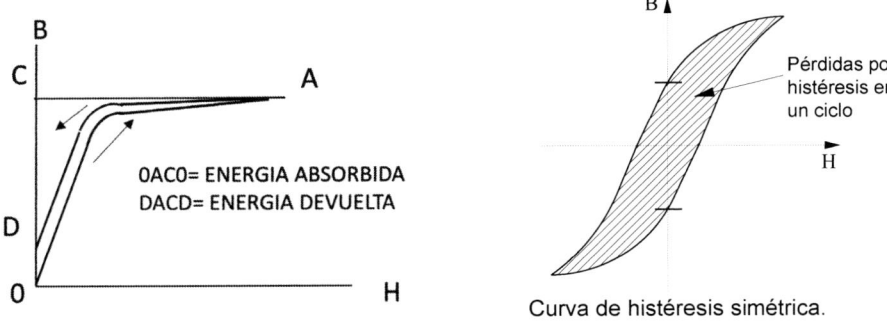

OACO= ENERGIA ABSORBIDA
DACD= ENERGIA DEVUELTA

Figura 2.2.

Pérdidas por histéresis en un ciclo

Curva de histéresis simétrica.

Figura 2.3.

De modo que, en la creación del campo magnético en un material ferromagnético, se produce una absorción de energía y cuando desaparece el campo una parte de esta energía es devuelta a la red (energía reactiva) y otra parte es pérdida por irreversibilidades (pérdidas por histéresis).

El ciclo completo se puede ver en la Figura 2.3, en este caso, la energía absorbida será

$$W_0 = \int_{-\hat{B}}^{+\hat{B}} dW_0 = \int_{-\hat{B}}^{+\hat{B}} V \cdot h \cdot d\,b = V \int_{-\hat{B}}^{+\hat{B}} h \cdot d\,b$$

La devuelta:

$$W_0 = \int_{+\hat{B}}^{-\hat{B}} dW_0 = \int_{+\hat{B}}^{-\hat{B}} V \cdot h \cdot d\,b = V \int_{+\hat{B}}^{-\hat{B}} h \cdot d\,b$$

La encerrada en la curva es la que corresponde a las pérdidas por irreversibilidad en el proceso de imantación y desimantación, en definitiva, las pérdidas por histéresis.

Al punto D, de la Figura 2.2 se le denomina magnetismo remanente, es la magnetización que queda residual cuando desaparece la intensidad de campo. En los materiales utilizados para la construcción de máquinas eléctricas en las que haya un campo magnético variable, se buscará utilizar materiales con un ciclo de histéresis reducido. En cambio, cuando se pretenda fabricar imanes permanentes se buscará lo contrario, que quede elevada inducción con intensidad de campo nula, lo que significa que el punto D tenga valores muy elevados.

El punto de funcionamiento habitual de los materiales magnéticos será en el codo de saturación, ya que, a partir de los valores de esa zona, se necesita mucha intensidad de campo, es decir, mucho coste en intensidad o en espiras, para aumentar mínimamente el valor de la inducción.

2.5.1.1. *Cálculo del valor de las pérdidas por histéresis: expresión de Steinmetz*

Debido a la diversidad de materiales existentes y a la dificultad de adaptar una ecuación analítica a cada curva de imantación es por lo que Steinmetz, empíricamente, halló, tras un gran número de medidas, que el área del lazo de histéresis es aproximadamente proporcional a la potencia 1,6 de la inducción magnética máxima, para inducciones inferiores a 1T y 2, para inducciones más elevadas de 1T. Así pues, las pérdidas por histéresis se pueden obtener de la ecuación:

$$P_H = K_H \cdot f \cdot \hat{B}^n \cdot V$$

K_H es una constante que depende del tipo de material.

2.5.2. Pérdidas por efectos de las corrientes de Foucault

En un material metálico, como es el núcleo del transformador, sometido a la acción de un campo magnético variable, se inducen fuerzas electromotrices, conforme a la ley de inducción electromagnética de Faraday. Estas f.e.m. dan lugar a corrientes que circulan por el metal y que reciben el nombre de corrientes de Foucault. Estas corrientes dan lugar a unas pérdidas por efecto Joule y consecuentemente a un calentamiento del núcleo.

Se determinará, a continuación, la expresión de la potencia pérdida por efecto de las corrientes de Foucault. Para ello, considerando una masa ferromagnética tal como la indicada en la Figura 2.4.

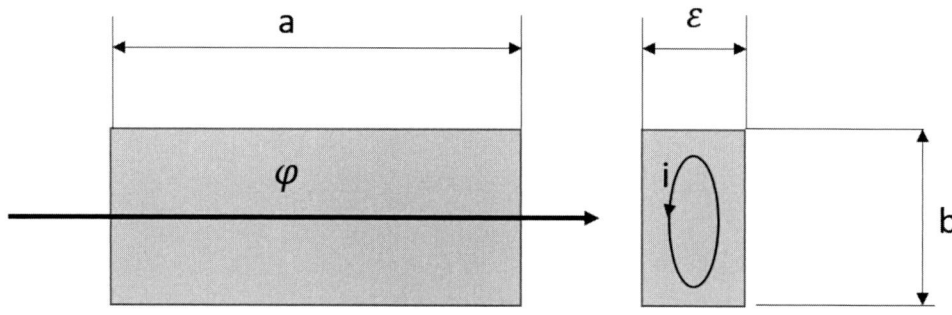

Figura 2.4.

Supóngase que $V = b \cdot a \cdot \varepsilon = 1$, volumen del circuito magnético que se iguala a 1 para resolver el cálculo por unidad de volumen.

$S = b \cdot \varepsilon$ es la sección de la masa ferronagmética.

ε, espesor de la chapa.

A partir de la expresión general de la f.e.m. inducida en una bobina, se obtiene la inducida en una espira, como se muestra en la figura:

$$E = 4.44 \cdot \hat{\Phi} \cdot N_2 \cdot f = 4.44 \cdot \hat{B} \cdot S \cdot f = 4.44 \cdot \hat{B} \cdot b \cdot \varepsilon \cdot f$$

Por otra parte, la resistencia eléctrica de la chapa magnética es:

$$R = \rho \frac{L}{S} \cong \rho \frac{2\left(\frac{b}{2} + \frac{\varepsilon}{2}\right)}{a \cdot \frac{1}{2} \cdot \varepsilon} = 2\rho \frac{b + \varepsilon}{a \cdot \varepsilon}$$

Como veremos, $b \gg \varepsilon$, por lo que se puede aproximar a

$$R \cong 2\rho \frac{b}{a \cdot \varepsilon}$$

Así, las pérdidas de potencia por efecto de las corrientes de Foucault por unidad de volumen son:

$$P'_F = R \cdot I^2 = R\left(\frac{E}{R}\right)^2 = \frac{E^2}{R} = \frac{\left(4.44 \cdot \hat{B} \cdot b \cdot \varepsilon \cdot f\right)^2}{2\rho \frac{b}{a \cdot \varepsilon}} = \frac{4.44^2}{2\rho} \hat{B}^2 \cdot \varepsilon^2 \cdot f^2 \cdot b \cdot a \cdot \varepsilon$$

Como: $V = b \cdot a \cdot \varepsilon = 1$
y al producto

$$K_F = \frac{4.44^2}{2\rho}$$

Es una constante que depende de la resistividad del material, por tanto:

$$P_F = K_F \cdot \hat{B}^2 \cdot \varepsilon^2 \cdot f^2 \cdot V$$

Que son las pérdidas debidas a las corrientes de Foucault, por unidad de volumen

ε, espesor de la chapa en metros.

f: Frecuencia en Hz.

$\hat{B}$: Inducción magnética máxima en Teslas.

V: Volumen del circuito magnético en m³.

De la expresión anterior se deduce que, para minimizar las pérdidas por corrientes de Foucault, se deberá aumentar la resistencia eléctrica de hierro o utilizar chapa de reducido espesor. Por ello, la chapa magnética que se utiliza en fabricación de máquinas eléctricas es chapa de acero aleada con silicio, para aumentar la resistividad y dar mayor estabilidad magnética, además se realiza con chapas muy delgadas, aisladas eléctricamente por una cara, de espesores entre 0,2 mm y 0,35 mm en el caso de los transformadores. Con este aislamiento se evitan que las corrientes de Foucault circulen entre chapas contiguas.

De forma general, las pérdidas totales en el circuito magnético del transformador, por histéresis y por corrientes de Foucalt, valen:

$$P_{fe} = P_F + P_H = K_F \cdot \hat{B}^2 \cdot \varepsilon^2 \cdot f^2 \cdot V + K_H \cdot f \cdot \hat{B}^2 \cdot V$$

Como se puede ver, las pérdidas del circuito magnético dependen de tres magnitudes; inducción, frecuencia y espesor de chapa. Por esa dependencia a efectos de calcular las pérdidas totales en el hierro, los fabricantes de chapas magnéticas proporcionan curvas de pérdidas de la forma:

$$P_{fe} = f\left(\hat{B}\right)$$

para un espesor concreto de chapa y para una frecuencia también concreta. Esta es la forma de obtener las pérdidas en los circuitos magnéticos.

La consecuencia de las pérdidas magnéticas en los transformadores es una pérdida de potencia y, con el tiempo, una pérdida de energía. Estas pérdidas están siempre presentes en el transformador que está conectado a la red, independientemente de que suministre o no energía. Por tanto, en vacío están presentes, lo que determina que la intensidad de vacío que absorbe el transformador debe tener una parte de corriente activa, que será la que multiplicada por la tensión determina el valor de estas pérdidas. A la intensidad de corriente activa que el transformador absorbe en vació se le denomina intensidad de pérdidas en el hierro (Ife).

De esta forma, la corriente total de vacío está compuesta por una corriente reactiva, relacionada con la creadora del campo magnético y obtenida por el teorema de Ampère, que tiene que ver con la energía que absorbe y devuelve el circuito magnético, la corriente activa (relacionada con las pérdidas en el hierro) que es la no devuelta y se corresponde con el ciclo de histéresis y con las pérdidas por corrientes de Foucault que termina degradada en calor.

Así pues:

$$\vec{I}_o = \vec{I}_{fe} + \vec{I}_m$$

El diagrama fasorial en vacío será, teniendo en cuenta las pérdidas por histéresis magnética y los efectos de las corrientes de Foucault, el que se indica en la Figura 2.5:

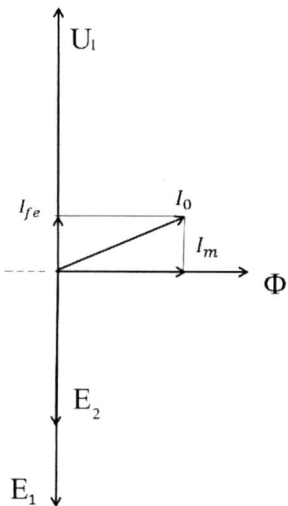

Figura 2.5.

De las expresiones anteriores, se deduce que las pérdidas en el hierro (por histéresis y corrientes de Foucault) dependen de las características del material, de la inducción y de la frecuencia. Por ello, de forma general, la obtención de estas pérdidas se realiza mediante un ensayo al que se somete la chapa. Realizado este, se obtiene la característica de pérdidas en función de la inducción para diversas frecuencias y espesores de chapa. Estas características las suministra el fabricante de chapa al constructor de maquinaria eléctrica.

2.6. Circuito del transformador real: diagramas fasoriales para el funcionamiento en vacío, en carga y en cortocircuito

Las consecuencias de las pérdidas en los transformadores, como ya se ha indicado al tratarlas, son dos, que la tensión suministrada por el transformador no es constante y esa variación queda determinada por las características propias de la máquina y por las condiciones de carga, esto es, de la potencia que suministra. Por otro lado, hay unas pérdidas de energía que, aunque de reducido valor en comparación con la potencia que pueden suministrar, tienen su importancia, ya que en definitiva determinarán un coste económico. Para estudiar el comportamiento de la máquina ante cualquier régimen de carga, es decir, calcular la tensión que suministra o las pérdidas que se producen, se va a recurrir a modelos circuitales. Aunque hay otros modelos más complejos que llevan a resultados más precisos, como es la técnica de elementos finitos.

Los modelos circuitales son muy utilizados en ingeniería eléctrica por su sencillez, ya que mediante elementos activos, como generadores de tensión, y pasivos, como resistencias, inductancias o condensadores, se puede estudiar la respuesta de diversos equipos habituales en ingeniería eléctrica, como transformadores, líneas eléctricas, máquinas eléctricas rotatorias, etc. Estos parámetros se obtienen a través de ensayos y, a partir de ellos, se puede conocer, por ejemplo, la potencia que entrega una máquina eléctrica funcionando como motor con un régimen de velocidad determinado, o la tensión que suministra una batería bajo unas condiciones de carga fijada.

A continuación, se va a determinar un modelo circuital de los transformadores, teniendo en cuenta el estudio previo realizado. Para ello, a continuación se resumirán las causas de las pérdidas que se han tratado y como sería la forma de incluirlas en el modelo circuital de un transformador.

Se parte de un transformador sin pérdidas en el que la tensión de salida es la de entrada dividida por la relación de transformación (Figura 2.6) que se corresponde con la Figura 1.7 en la que los devanados se representan por dos inductancias.

Los flujos de dispersión producen c.d.t. al paso de la corriente de uno y otro devanado, de modo que para introducirlos en ese circuito habrá que poner unas reactancias por las que pasen las corrientes del primario y secundario respectivamente.

$$\frac{U_1}{U_2} = m \qquad \frac{I_2}{I_1} \cong m$$

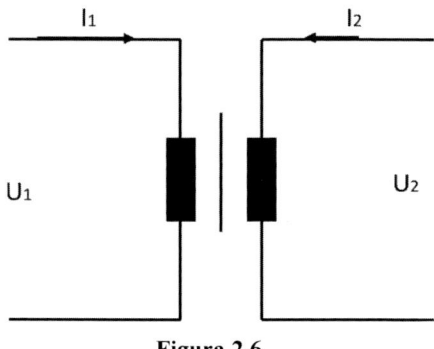

Figura 2.6.

Las resistencias de los devanados, igualmente producen c.d.t. en uno y otro circuito, por lo que también habrá que poner sendas resistencias por las que pase la corriente de uno y otro devanado, además al paso de esas corrientes producirán las pérdidas por efecto Joule.

En un circuito eléctrico, las pérdidas se reflejan mediante una resistencia, por eso para representar las pérdidas en el hierro se deberá poner una resistencia y, como el valor de estas pérdidas depende del flujo, y por tanto de la f.e.m. inducida, se representará mediante una resistencia en paralelo sometida a la tensión determinada por la f.e.m. del circuito primario. Lo mismo daría incluirla en el secundario.

Las pérdidas en los aislamientos también dependen de la tensión por lo que, al igual que las anteriores se deberán modelar mediante una resistencia en paralelo, al igual que la corriente capacitiva, que depende también de la tensión.

Con estas ideas queda claro que el modelo circuital es el presentado en la Figura 2.7.

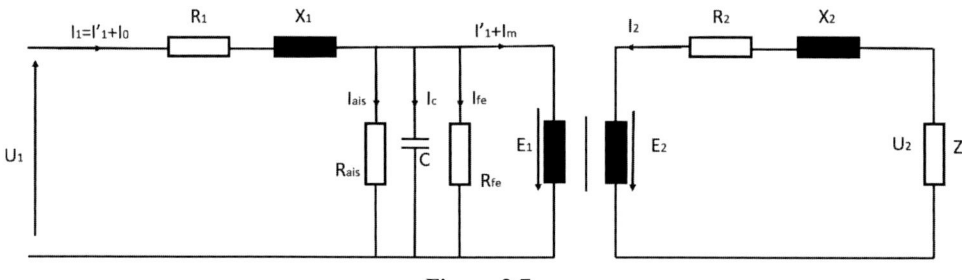

Figura 2.7.

Hay que hacer notar que las corrientes de la rama que corresponde a los elementos pasivos que modelizan los dieléctricos son de valor generalmente muy reducido, salvo casos de transformadores de muy elevada tensión. Es por lo que en sucesivos estudios no será considerada.

A continuación, obtendremos el correspondiente diagrama fasorial, incluyendo tensiones e intensidades, para el funcionamiento en carga. Este diagrama es la representación gráfica de las ecuaciones fasoriales de tensiones e intensidad del primario y secundario respectivamente, que se obtienen por aplicación de las leyes de Kirchhoff.

Las ecuaciones que ya se obtuvieron son, para las tensiones:

$$\vec{U}_1 + \vec{E}_1 = R_1 \cdot \vec{I}_1 + jL_1 \cdot \omega \cdot \vec{I}_1 \qquad\qquad \vec{U}_2 + \vec{E}_2 = R_2 \cdot \vec{I}_2 + jL_2 \cdot \omega \cdot \vec{I}_2$$

Y para las intensidades:

$$\vec{I}_1 = \vec{I'}_1 + \vec{I}_0 \qquad \vec{I}_o = \vec{I}_{fe} + \vec{I}_m$$

El diagrama fasorial correspondiente se incluye en la Figura 2.8

Indicar que en el diagrama los fasores correspondientes a las caídas de tensión están muy aumentados, en módulo, con respecto a los restantes fasores.

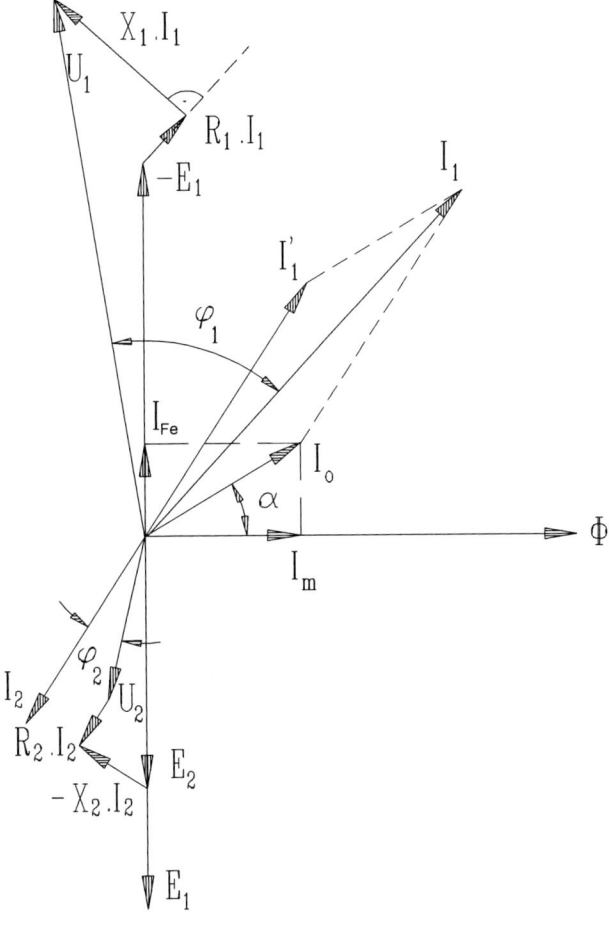

Figura 2.8.

Problemas temas 1 y 2

Problema 2.1. Un transformador monofásico, supuesto ideal, tiene en sus devanados de alta y baja tensión 250 y 145 espiras que se arrollan sobre un núcleo de 95 cm² de sección con factor de apilado de 0,95. Determínese los valores del flujo, inducción y f.e.m. engendradas cuando se conecta el devanado de alta tensión a una red de 660 V y 50 Hz.

Por tratarse de un transformador ideal se cumple la ecuación E1 = U1 de modo que el flujo se puede obtener mediante la ecuación:

$$\overset{\wedge}{\varphi} = \frac{U_1}{4.44\,N_1 f} = \frac{660}{4.44 \cdot 250 \cdot 50} = 0.012\ Wb$$

El valor de la inducción se obtiene por el cociente entre el flujo y la sección neta:

$$\hat{B} = \frac{\overset{\wedge}{\varphi}}{S} = \frac{0.012}{95 \cdot 10^{-4} \cdot 0.95} = 1.318\ T$$

Por último, los valores de las f.e.m. se obtienen, en el caso del primario por igualdad con la tensión aplicada y en el secundario mediante la relación de transformación:

$$E_1 = U_1 = 660\ V$$

$$E_2 = \frac{E_1}{m} = E_1 \frac{N_2}{N_1} = 660 \frac{145}{250} = 382.8\ V$$

Problema 2.2. Un transformador monofásico, tiene un circuito magnético acorazado con dimensiones exteriores de 160 mm de ancho, 120 mm de altura y 35 mm de profundidad, dos ventanas de 40 mm × 80 mm, tres entrehierros de 0,1 mm, factor de apilado de 0,97 y peso específico de 7800 kg/m³. Se alimenta a 230 V y 50 Hz por el devanado de mayor tensión, que tiene 500 espiras, consumiendo una corriente de 0,5 A con factor de potencia 0,2. Calcular:

1. La permeabilidad relativa de la chapa empleada en el punto de funcionamiento.

2. Las pérdidas específicas (W/kg) de la chapa empleada en el punto de funcionamiento.

3. La corriente en el circuito de alta tensión cuando por el de baja, de 100 espiras, circulan 20 A con factor de potencia 0,9.

Ap.1

$$\mu = \frac{B_{max}}{H_{max}}$$

$$B_{fe,max} = \frac{\phi_{max}}{S} = \frac{E}{S \cdot 4.44 \cdot f \cdot N_1} = \frac{230}{0.040 \cdot 0.035 \cdot 0.97 \cdot 4.44 \cdot 50 \cdot 500} = 1.53T$$

$$N_1 I_{\mu,max} = H_{fe,max} l_{fe} + H_{\varepsilon,max} l_\varepsilon$$

$$I_{\mu,max} = I_{o,max} sen\varphi = \sqrt{2 \cdot} 0.5 \cdot 0.98 = 0.69$$

$$H_{\varepsilon,max} = \frac{B_{\varepsilon,max}}{\mu_o} = \frac{1.53 \cdot 0.97}{4 \cdot \pi \cdot 10^{-7}} = 1177788A/m$$

$$l_\varepsilon = 2 \cdot 0.1 \cdot 10^{-3}m \qquad l_{fe} = 320 \cdot 10^{-3}m \qquad N_1 = 500$$

resultando:

$$H_{fe,max} = 346.4A/m$$

$$\mu' = 3505$$

Ap.2

$$V = \left(1.6 \cdot 1.2 - 2 \cdot 0.4 \cdot 0.8\right) \cdot 0.35 \cdot 0.97 = 0.435\, dm^2$$

$$G = 7.8 \cdot 0.435 = 3.393\, kg$$

$$P_{fe} = U \cdot I_0 \cdot cos\varphi_0 = 230 \cdot 0.5 \cdot 0.2 = 23\, W$$

$$P_{esp} = \frac{23}{3.393} = 6.77\, W/kg$$

Ap.3

$$I'_1 = \frac{I_2}{m} = \frac{20}{500/100} = 4A$$

$$I_1 = \sqrt{(I'_1 \cdot cos\varphi_2 + I_{fe})^2 + (I'_1 \cdot sen\,\varphi_2 + I_\mu)^2} = \sqrt{(4 \cdot 0.9 + 0.1)^2 + (4 \cdot 0.44 + 0.49)^2} = 4.33\, A$$

Problema 2.3. Un transformador monofásico, con tensión primaria nominal igual a 400 V y 50 Hz de frecuencia, tiene un circuito magnético acorazado con dimensiones exteriores de 260 mm de ancho, 240 mm de altura y 85 mm de profundidad, dos ventanas de 60 mm × 170 mm, tres entrehierros de 0,10 mm y factor de apilado de 0,95. El número de espiras del devanado primario es de 210, y la relación de transformación es 16. La característica de inducción, en el entorno del punto de funcionamiento, está dada por la ecuación: $B_{max}(T) = 1,4 + 2 \cdot 10^{-4} \cdot H_{max}(A/m$, las pérdidas específicas son de 3,2 W/kg, y el peso específico de la chapa empleada de 7800 kg/m³. Calcular:

1. La corriente magnetizante.

2. La corriente de pérdidas en el hierro.

3. La intensidad de corriente en el devanado de mayor tensión cuando suministre por el de baja 180 A a un receptor con factor de potencia 0,9.

Ap.1

$$B_{max,fe} = \frac{U_1}{4.44 \cdot f \cdot N_1 \cdot S} = \frac{400}{4.44 \cdot 50 \cdot 210 \cdot 0.07 \cdot 0.085 \cdot 0.95} = 1.52\ T$$

$$H_{max,fe}(A/m) = \frac{B_{max}(T) - 1,4}{2 \cdot 10^{-4}} = 600A/m$$

$$H_{max,\varepsilon} = \frac{B_{max,fe} \cdot k_a}{\mu_o} = \frac{B_{max,fe} \cdot 0.95}{4 \cdot \pi \cdot 10^{-7}} = 1147522A/m$$

$$I_\mu = \frac{H_{maxfe} \cdot l_{fe} + H_{max,\varepsilon} \cdot l_\varepsilon}{\sqrt{2} \cdot N_1} = \frac{600 \cdot 0.60 + 1147522 \cdot 2 \cdot 0.0001}{\sqrt{2} \cdot 210} = 1.96\ A$$

Ap.2

$$V = \left(l_{nucleo} \cdot h_{nucleo} - 2 \cdot l_{ven} \cdot h_{ven}\right)prof \cdot K_a =$$
$$= \left(260 \cdot 240 - 2 \cdot 60 \cdot 170\right)85 \cdot 0.95 \cdot 10^{-6} = 3.4 \cdot 10^{-3}m^3$$

$$G = P_{esp} \cdot V = 7800 \cdot 3.4 \cdot 10^{-3} = 26.45\ kg$$

$$I_{fe} = \frac{P}{U} = \frac{3.2\ W/kg \cdot 26.45kg}{400} = 0.21\ A$$

Ap.3

$$I'_1 = \frac{I_2}{m} = \frac{180}{16} = 11.25\ A$$

$$I_1 = \vec{I'}_1 + \vec{I}_{fe} + \vec{I}_\mu = 11.25_{-25.8} + 0.21_0 + 1.96_{-90}$$

Problema 2.4. Un transformador monofásico, con una relación de transformación de 10 está alimentado por el lado de mayor tensión a 400 V 50 Hz y está construido por un núcleo magnético acorazado de dimensiones exteriores (anchura × altura) de 260 mm × 240 mm, ventanas de 60 mm × 170 mm, espesor del núcleo, 85 mm, factor de apilado de 0,95 y tres entrehierros de 0,1 mm. El circuito magnético del transformador debe trabajar con una inducción cuyo valor máximo es de 1,6 T, para la que corresponde una permeabilidad relativa de 4200 y unas pérdidas específicas de 3,2 W/kg. Sabiendo que el peso específico de la chapa empleada de 7800 kg/m³ Calcular:

1. Las espiras del devanado conectado a la red.
2. La corriente magnetizante.
3. La corriente de pérdidas magnéticas.
4. La corriente primaria y su factor de potencia cuando suministre 60 A con factor de potencia unidad por el devanado de menor tensión.

Ap.1

$$N_1 = \frac{U_1}{4.44 \cdot f \cdot B_{max,fe} \cdot S} = \frac{400}{4.44 \cdot 50 \cdot 1.6 \cdot 0.07 \cdot 0.085 \cdot 0.95} = 199$$

Ap.2

$$I_\mu = \frac{H_{maxfe} \cdot l_{fe} + H_{max,\varepsilon} \cdot l_\varepsilon}{\sqrt{2} \cdot N_1} = \frac{303 \cdot 0.60 + 1209578 \cdot 0.0002}{\sqrt{2} \cdot 199} = 1.50\, A$$

$$H_{maxfe} = \frac{B_{max,fe}}{\mu' \cdot \mu_o} = \frac{B_{max,fe}}{4200 \cdot 4 \cdot \pi \cdot 10^{-7}} = 303 A/m$$

$$H_{max,\varepsilon} = \frac{B_{max,fe} \cdot k_a}{\mu_o} = \frac{B_{max,fe} \cdot 0.95}{4 \cdot \pi \cdot 10^{-7}} = 1209578 A/m$$

Ap.3

$$V = \left(l_{nucleo} \cdot h_{nucleo} - 2 \cdot l_{ven} \cdot h_{ven}\right) prof \cdot K_a =$$
$$= \left(260 \cdot 240 - 2 \cdot 60 \cdot 170\right) 85 \cdot 0.95 \cdot 10^{-6} = 3,4 \cdot 10^{-3} m^3$$

$$G = P_{esp} \cdot V = 7800 \cdot 3,4 \cdot 10^{-3} = 26,45\, kg$$

$$I_{fe} = \frac{P}{U} = \frac{3.2\, W/kg \cdot 22.41 kg}{400} = 0.21\, A$$

Ap.4

$$I'_1 = \frac{I_2}{m} = \frac{60}{10} = 6\, A$$

$$I_1 = \vec{I'}_1 + \vec{I}_{fe} + \vec{I}_\mu = 6_0 + 0.21_0 + 1.5_{-90} = 6.4\, A$$

Problema 2.5. Un transformador monofásico con tensiones en vacío y frecuencia de 230/24 V y 50 Hz está construido por un núcleo magnético acorazado de dimensiones exteriores (anchura × altura) de 240 mm × 220 mm, ventanas de 50 mm × 150 mm, espesor del núcleo, 80 mm, factor de apilado de 0,95 y tres entrehierros de 0,05 mm. El circuito magnético del transformador debe trabajar con una inducción cuyo valor máximo es de 1,6, para la que corresponde una permeabilidad relativa de 3800 y unas pérdidas específicas de 2,8 W/kg, siendo el peso específico de la chapa de 7800 kg/m³. Calcular:

1. Las espiras de los devanados.
2. La corriente magnetizante por el devanado de AT.
3. La corriente de pérdidas de vacío por el devanado de AT.
4. Las espiras que debería tener el devanado primario para que en carga suministre los 24 V, dado que en este régimen de carga la variación de tensión es del 7 %.

Ap.1

$$N_2 = \frac{U_1}{4.44 \cdot f \cdot B_{max,fe} \cdot S} = \frac{24}{4.44 \cdot 50 \cdot 1.6 \cdot 0.07 \cdot 0.08 \cdot 0.95} = 12.7 \rightarrow N_2 = 13 \; espiras$$

$$N_1 = \frac{N_2 \cdot U_1}{U_2} = \frac{13 \cdot 230}{24} = 124.6 \rightarrow N_1 = 125 \; espiras$$

Ap.2

$$I_\mu = \frac{H_{maxfe} \cdot l_{fe} + H_{max,\varepsilon} \cdot l_\varepsilon}{\sqrt{2 \cdot N_1}} = \frac{335 \cdot 0.54 + 1209578 \cdot 0.0001}{\sqrt{2} \cdot 125} = 1.71 \; A$$

$$H_{maxfe} = \frac{B_{max,fe}}{\mu' \cdot \mu_o} = \frac{B_{max,fe}}{3800 \cdot 4 \cdot \pi \cdot 10^{-7}} = 335 A/m$$

$$H_{max,\varepsilon} = \frac{B_{max,fe} \cdot k_a}{\mu_o} = \frac{B_{max,fe} \cdot 0.95}{4 \cdot \pi \cdot 10^{-7}} = 1209578 A/m$$

Ap.3

$$V = \left(l_{nucleo} \cdot h_{nucleo} - 2 \cdot l_{ven} \cdot h_{ven}\right) prof \cdot K_a =$$
$$= \left(240 \cdot 220 - 2 \cdot 50 \cdot 150\right) 80 \cdot 0.95 \cdot 10^{-6} = 2.9 \cdot 10^{-3} m^3$$

$$G = P_{esp} \cdot V = 7800 \cdot 2.9 \cdot 10^{-3} = 22.41 \; kg$$

$$I_{fe} = \frac{P}{U} = \frac{2.8 \; W/kg \cdot 22.41 kg}{230} = 0.27 \; A$$

Ap.4

$$\varepsilon_c\% = \frac{U_{20} - U_2}{U_{20}}100 \rightarrow 7 = \frac{U_{20} - 24}{U_{20}}100 \rightarrow U_{20} = 25.8V$$

$$\frac{N_1}{N_2} = \frac{U_1}{U_{20}} \rightarrow \frac{N_1}{13} = \frac{230}{25.8} \rightarrow N_1 = 116$$

Problema 2.6. Un transformador monofásico alimentado a la tensión y frecuencia de 230 V 50 Hz está construido por un núcleo magnético acorazado de dimensiones exteriores (anchura × altura) de 200 mm × 180 mm, ventanas de 40 mm × 120 mm, espesor del núcleo, 75 mm, factor de apilado de 0,97 y tres entrehierros de 0,05 mm. El circuito magnético del transformador debe trabajar con una inducción cuyo valor máximo es de 1,6 T, para la que corresponde una permeabilidad relativa de 4000 y unas pérdidas específicas de 3 W/kg. Sabiendo que el peso específico de la chapa empleada es 7800 kg/m³. Calcular:

1. Las espiras del devanado conectado a la red y la corriente magnetizante.
2. La corriente de pérdidas en el hierro.

Ap.1

$$N_1 = \frac{U_1}{4.44 \cdot f \cdot B_{max,fe} \cdot S} = \frac{230}{4.44 \cdot 50 \cdot 1.6 \cdot 0.060 \cdot 0.075 \cdot 0.97} = 148$$

$$H_{max,fe} = \frac{B_{max,fe}}{\mu' \cdot \mu_o} = \frac{1.6}{4000 \cdot 4 \cdot \pi \cdot 10^{-7}} = 318.3 \, A/m$$

$$H_{max,\varepsilon} = \frac{B_{max,\varepsilon}}{\mu_o} = \frac{1.6 \cdot 0.97}{4 \cdot \pi \cdot 10^{-7}} = 1235042 \, A/m$$

$$l_{fe} = 0.44 \, m$$

$$I_\mu = \frac{H_{max,fe} \cdot l_{fe} + H_{max,\varepsilon} \cdot l_\varepsilon}{N_1 \cdot \sqrt{2}} = \frac{318.3 \cdot 0.44 + 1236042 \cdot 0.0001}{148 \cdot \sqrt{2}} = 1.26 \, A$$

Ap.2

$$V = \left(l_{nucleo} \cdot h_{nucleo} - 2 \cdot l_{ven} \cdot h_{ven}\right)prof \cdot K_a =$$
$$= (200 \cdot 180 - 2 \cdot 40 \cdot 120)75 \cdot 0.97 \cdot 10^{-9} = 0.0019m^3$$

$$G = P_{esp} \cdot V = 7800 \cdot 0.0019 = 14.98 \, kg$$

$$I_{fe} = \frac{P}{U} = \frac{G \cdot P_{esp}}{U} = \frac{14.98 \cdot 3}{230} = 0.2 \, A$$

Problema 2.7. Un circuito magnético toroidal, con diámetro interior de 10 cm y exterior de 20 cm de sección circular, con un entrehierro de 2 mm lleva arrollada una bobina de 2000 espiras y se desea establecer un flujo constante de valor $\Phi = 1,75$ mW. La mitad del circuito está constituida por acero de permeabilidad relativa igual a 10 000 y la otra mitad con hierro de permeabilidad igual a 800. Calcular:

1. Inducción B en el núcleo.
2. Campo magnético H en el hierro, acero y aire.
3. Corriente que circula por la bobina.

Ap.1

$$B = \frac{\Phi}{S} = \frac{\Phi}{\pi\left(\dfrac{D_e - D_i}{2}\right)^2 \dfrac{1}{4}} = \frac{0,00175 \cdot 4}{\pi\left(\dfrac{0,2 - 0,1}{2}\right)^2} = 0,89T.$$

Ap.2

$$H_{Fe} = \frac{B}{\mu'_{Fe}\mu_0} = \frac{0,89}{800 \cdot 4\pi \cdot 10^{-7}} = 890Av/m$$

$$H_{Acer} = \frac{B}{\mu'_{Acer}\mu_0} = \frac{0,89}{10000 \cdot 4\pi \cdot 10^{-7}} = 71,2Av/m$$

$$H_\delta = \frac{B}{\mu_0} = \frac{0,89}{4\pi \cdot 10^{-7}} = 712.000Av/m$$

Ap.3. Aplicando el teorema de Ampère a la línea media, resulta:

$$NI = H_{Fe}l_{Fe} + H_{Acer}l_{Ace} + H_\delta\delta$$

$$l_{Fe} = l_{Ace} = \frac{1}{2}\left(\frac{D_e + D_i}{2}\pi - \delta\right) = 0,2346m \text{, N=2000}$$

$$NI = H_{Fe}l_{Fe} + H_{Acer}l_{Ace} + H_\delta\delta = 208,8Av + 16,7Av + 1424Av \Rightarrow I = 0,825A$$

Problema 2.8. Un transformador monofásico, cuyo circuito magnético se corresponde con el de la figura, tiene, respectivamente 1370 y 150 espiras en sus devanados. Se alimenta a la tensión de 230 V y 50 Hz consumiendo una corriente de 50 mA con un factor de potencia 0,2. Calcular:

1. La permeabilidad relativa de la chapa empleada en el punto de funcionamiento.
2. La corriente absorbida con su desfase cuando suministra 3 A por su devanado de B.T. a un receptor con factor de potencia inductivo 0,8.

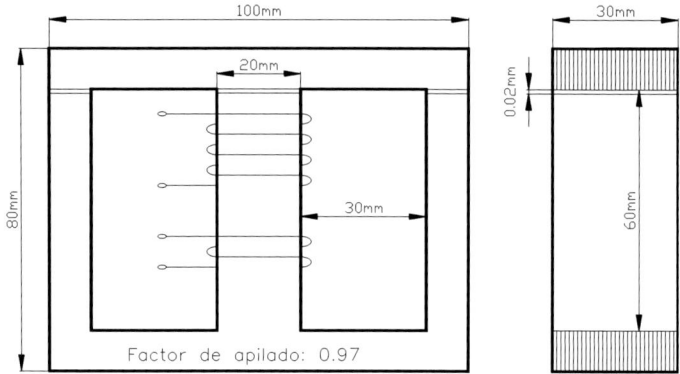

Solución:

Ap.1

$$\mu = \frac{B_{max}}{H_{max}}$$

$$B_{fe,max} = \frac{\varphi_{max}}{S} = \frac{E}{S \cdot 4.44 \cdot f \cdot N_1} = \frac{230}{0.03 \cdot 0.02 \cdot 0.97 \cdot 4.44 \cdot 50 \cdot 1370} = 1.3T$$

$$N_1 I_{\mu,max} = H_{fe,max} l_{fe} + H_{\varepsilon,max} l_\varepsilon$$

$$I_{\mu,max} = I_{o,max} sen\varphi = \sqrt{2} \cdot 0.05 \cdot 0.98 = 0.069$$

$$H_{\varepsilon,max} = \frac{B_{\varepsilon,max}}{\mu_o} = \frac{1.3 \cdot 0.97}{4 \cdot \pi \cdot 10^{-7}} = 1003472A/m$$

$$l_\varepsilon = 2 \cdot 0.02 \cdot 10^{-3}m \quad l_{fe} = 220 \cdot 10^{-3}m \quad N_1 = 1370$$

resultando:

$$H_{fe,max} = 247.2 A/m$$

$$\mu = 5.25 \cdot 10^{-3}$$

$$\mu' = 4184$$

Ap.2

$$I'_1 = \frac{I_2}{m} = \frac{3}{1370/150} = 0.32A$$

$$I_1 = \sqrt{(I'_1 \cdot \cos\varphi_2 + I_{fe})^2 + (I'_1 \cdot sen\varphi_2 + I_\mu)^2}$$

$$I_{fe} = 0.05 \cdot 0.2 = 0.001 \text{ y } I\mu = 0.05 \cdot 0.98 = 0.049$$

$$I_1 = 0.352 A$$

3

Circuito equivalente del transformador monofásico. Variación de tensión. Rendimiento

3.1. Circuito equivalente del transformador: ecuaciones fasoriales, resistencias y reactancias combinadas

En el tema anterior se estudiaron las pérdidas que se producen en un transformador, que determinan, en definitiva, una caída de tensión y una pérdida energética. Valorar la c.d.t. y el rendimiento en un transformador construido, utilizando el circuito que allí se obtuvo resulta complicado, por la dificultad de obtener los elementos pasivos de ese circuito, especialmente las reactancias de dispersión. También se tiene la dificultad de trabajar en un mismo modelo con tensiones diferentes, que lo hace complicado en sistemas eléctricos con otros elementos involucrados. Para resolver estos problemas se recurre a la utilización del circuito equivalente del transformador, con la obtención de unas resistencias y reactancias combinadas que fácilmente se determinan mediante ensayos.

Conocido el circuito equivalente se obtendrá un método para determinar la variación de tensión, esto es, la diferencia entre la tensión en vacío y en carga, y el rendimiento de un transformador sin necesidad de estar funcionando, es decir, predeterminar cual será la tensión suministrada y el rendimiento de un transformador. Para ello, en la primera parte del tema se realizarán las transformaciones necesarias y los ensayos correspondientes para determinar el circuito equivalente del transformador. Con este circuito se obtienen, con una aproximación muy elevada, los mismos resultados que con el circuito del transformador deducido en el tema anterior. Una vez obtenido, se tratará la determinación de la variación de tensión y del rendimiento.

Exceptuando los pequeños transformadores, la corriente de vacío es suficientemente pequeña, en valor relativo, para que pueda ser despreciada a efectos del estudio de la variación de tensión. Es decir, para simplificar el estudio, despreciaremos las caídas de tensión $R_1 I_0$ y $X_1 I_0$.

Para iniciar estas trasformaciones, se partirá de las expresiones deducidas en el tema anterior:

$$\vec{U}_1 + \vec{E}_1 = R_1 \vec{I}_1 + jX_1 \vec{I}_1$$

$$\vec{E}_2 + \vec{U}_2 = R_2 \vec{I}_2 + jX_2 \vec{I}_2$$

como:

$$m = \frac{\vec{E}_1}{\vec{E}_2}; \quad y \quad m = -\frac{\vec{I}_2}{\vec{I}'_1}$$

multiplicando por "m" la segunda ecuación y poniendo la corriente primaria en función de la secundaria:

$$m \cdot \vec{E}_2 + m \cdot \vec{U}_2 = m \cdot R_2 \vec{I}_2 + jm \cdot X_2 \vec{I}_2$$

$$m \cdot \vec{E}_2 + m \cdot \vec{U}_2 = -m^2 \cdot R_2 \vec{I}'_1 - jm^2 \cdot X_2 \vec{I}'_1$$

despejando E_1

$$\vec{E}_1 + \vec{U}'_2 = -R'_2 \vec{I}'_1 - jX'_2 \vec{I}'_1$$

sustituyendo en la ecuación de tensiones del circuito primario:

$$\vec{U}_1 - \vec{U}'_2 = R_1 \vec{I}_1 + jX_1 \vec{I}_1 + R'_2 \vec{I}'_1 + jX'_2 \vec{I}'_1$$

Las transformaciones que se han realizado se pueden apreciar también en el modelo circuital del transformador real (Figura 2.7). Se ha multiplicado la malla del circuito secundario por "m" y la intensidad del secundario I_2 se ha puesto como (-m I'$_1$), además, se han derivado las dos componentes de la intensidad de vacío (I_{fe}, correspondiente a las pérdidas en el hierro e I_m, correspondiente a la magnetizante creadora del campo magnético) por una resistencia R_{fe} y una reactancia $X\mu$ resultando, la Figura 3.1.

En esta figura se observa que pasan las mismas intensidades por los puntos A y B y en la misma dirección. Además, las tensiones entre AB y CD son idénticas, por lo que se pueden eliminar lo que correspondería a un transformador sin pérdidas y con relación de transformación 1, quedando la Figura 3.2 que se corresponde con la ecuación de tensiones obtenida en último lugar.

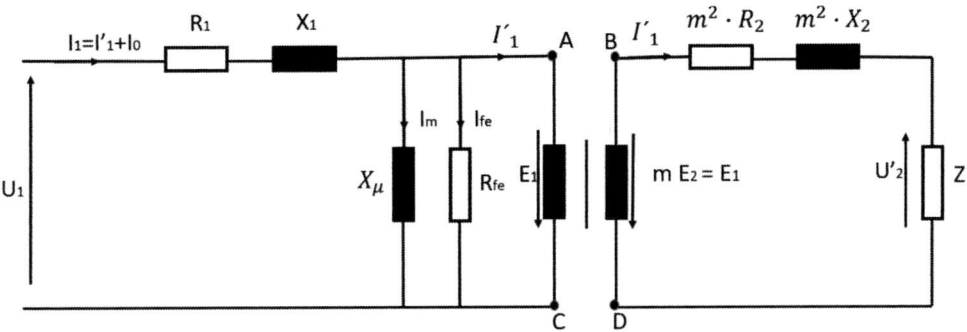

Figura 3.1.

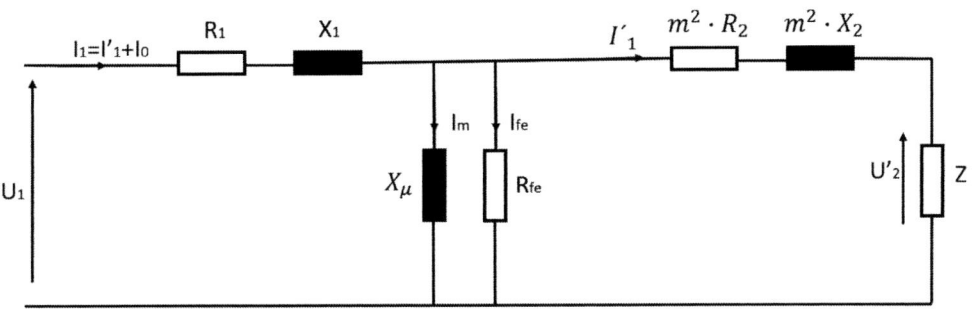

Figura 3.2.

Como se indicó, la corriente de vacío es muy pequeña en comparación con la que pueden suministrar los transformadores. Se puede despreciar la c.d.t. que se produce en el circuito primario, con lo que queda el circuito de la Figura 3.3. Y agrupando resistencias, resulta la Figura 3.4.

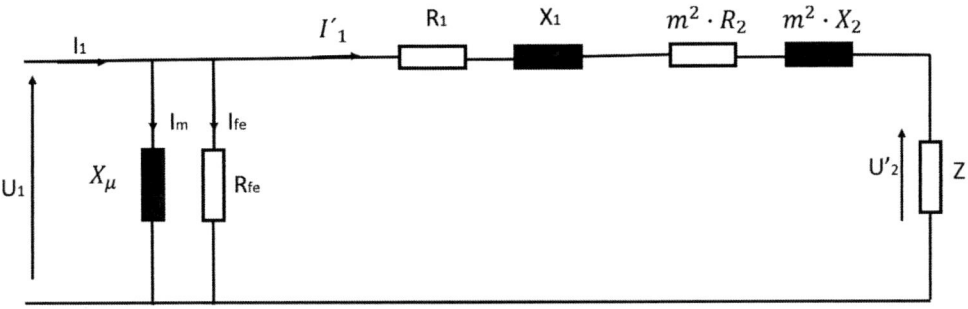

Figura 3.3.

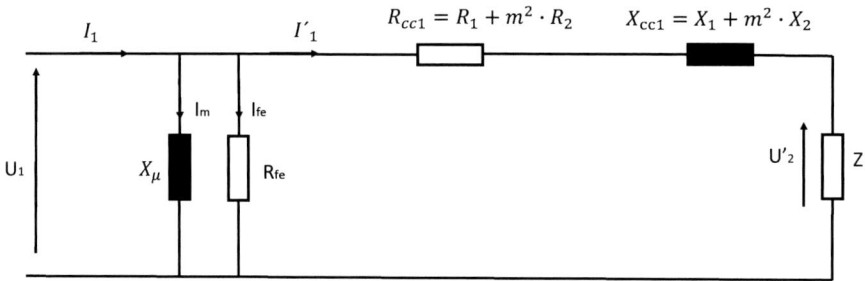

Figura 3.4.

La ecuación de tensiones quedaría de la siguiente forma:

$$\overrightarrow{U}_1 - \overrightarrow{U}'_2 = R_{cc1}\overrightarrow{I}'_1 + jX_{cc1}\overrightarrow{I}'_1$$

Y las de intensidades no se modificaría

A los valores:

$$R_{cc1} = R_1 + m^2 R_2 = R_1 + R'_2 \quad y \quad X_{cc1} = X_1 + m^2 X_2 = X_1 + X'_2$$

Se les denomina resistencia y reactancia de cortocircuito reducidas a nivel eléctrico del primario. Conceptualmente, significa que estas resistencias y reactancias tienen el mismo efecto, en cuanto a c.d.t. y pérdidas en el transformador, cuando pasa por ellas la corriente primaria que cuando pasan las corrientes primaria y secundaria por las respectivas resistencias y reactancias de uno y otro circuito.

Así pues, para reducir una tensión o una intensidad de un circuito al otro hay que multiplicar o dividir por "m", mientras que, si lo que se quiere es pasar una impedancia, se multiplicará o dividirá por "m²".

En el estudio anterior se ha realizado la reducción del circuito del transformador real al devanado primario, de modo que, a efectos de cálculo de la caída de tensión o de pérdidas, el resultado es el mismo considerando el circuito obtenido en este estudio o el circuito del transformador real determinado en el tema anterior. Ya se ha indicado que la pequeña diferencia es no considerar la corriente de vacío en el primario. En el caso del circuito obtenido en el tema segundo, en primer lugar, se determina la f.e.m. primaria a partir de la tensión aplicada y de las c.d.t. en el circuito primario. Esta f.e.m. dividida por la relación de transformación es la f.e.m. secundaria, a la que se le resta la c.d.t. en el circuito secundario y se obtiene la tensión en bornes de la máquina. Por medio del circuito equivalente, de la tensión primaria se restan las c.d.t. producidas por las resistencia e inductancia de cortocircuito al circular por ellas la intensidad de corriente secundaria reducida al primario a través de la relación "m". El resultado es la tensión secundaria reducida al primario, de la que se puede obtener la secundaria dividiendo ese valor por la relación de transformación.

El diagrama fasorial correspondiente a estas ecuaciones o circuito equivalente se indica en la Figura 3.5.

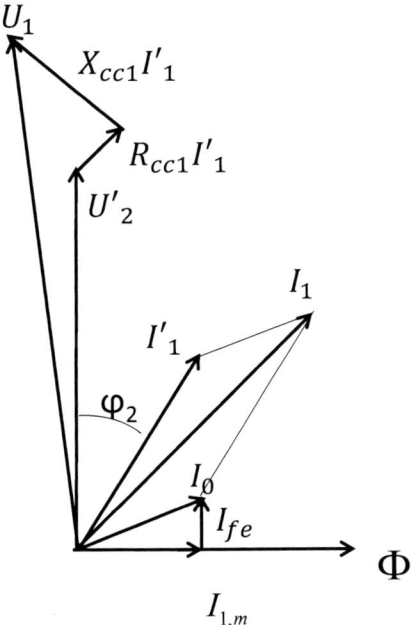

Figura 3.5.

En el estudio anterior se ha realizado la reducción del circuito del transformador a uno de sus devanados, en ese caso al devanado primario, pero de forma similar se podría haber hecho la reducción al secundario, para ello habría que reducir las tensiones e intensidades del circuito de primario al secundario, dividiendo la ecuación de tensiones primaria por la relación de transformación y poniendo la corriente primaria en función de la secundaria.

Una vez obtenido el circuito equivalente del transformador se puede obtener, de forma muy sencilla, la tensión de salida del transformador estando alimentado a una tensión concreta y suministrando potencia a unos receptores que consuman una determinada corriente con un factor de potencia. Para ello, tan solo habría que resolver el circuito equivalente. Asimismo, sabiendo la intensidad de corriente que circula por el transformador y la tensión de alimentación, también se puede obtener las pérdidas en él. Más adelante se estudia la forma de obtener este circuito mediante ensayos.

3.2. Características nominales de los transformadores

Antes de seguir con el estudio y utilidad del circuito obtenido, se tratarán las características nominales del transformador.

Las principales características nominales de un transformador, que generalmente, se indican en su placa de características son:

- Potencia nominal, en kVA o en VA para máquinas pequeñas.

- Tensiones nominales, en V. Se indican las tensiones, tanto del circuito de alta tensión como el de baja que, como máximo, pueden soportar los devanados de la máquina.

- Frecuencia, en Hz, es el valor para el que se ha diseñado y calculado el transformador.

- Intensidades nominales, en A. Como en el caso de las tensiones, se indican los valores de ellas para ambos circuitos. El producto de la intensidad nominal de un devanado por la tensión correspondiente determina el valor de la potencia nominal del transformador monofásico. En el caso de trifásico, para determinar la potencia nominal, se multiplicará por raíz de tres los valores indicados de tensión e intensidad.

- Índice horario, que se definirá en el tema correspondiente a transformadores trifásicos.

- Tensión de cortocircuito, en valor porcentual de la tensión nominal, que se tratará en el siguiente apartado.

Hay que entender que la limitación en el funcionamiento de un trasformador, como de cualquier máquina eléctrica, es el calentamiento que se origina debido a las pérdidas producidas en él. Habitualmente, la máquina está conectada a una tensión y frecuencia nominales, que determinarán unas pérdidas en el circuito magnéticos. Como la intensidad sí que es una posible variable del transformador, esto es, se le pueden conectar más o menos receptores, la limitación del calentamiento por las pérdidas de energía totales estará dadas por la intensidad. Así pues, la máxima intensidad que el transformador puede suministrar de forma indefinida es la intensidad nominal. Intensidades de corriente más elevadas que esta, pueden producir antes o después deterioro de los aislantes, que es la parte más susceptible al calor, y la consecuente destrucción o avería de la máquina.

3.3. Tensión de cortocircuito

Otra característica muy importante del transformador que se puede encontrar en su placa de características, o que se puede obtener a partir del circuito equivalente, es la tensión de cortocircuito del transformador.

Se define como la tensión a la que se debe conectar el transformador para que, estando en cortocircuito pase por los devanados la intensidad nominal.

Del circuito equivalente o de la ecuación de tensiones, sin tener en cuenta la corriente de vacío, queda claro que la tensión que cumple esta definición es la siguiente:

$$\vec{U}_{1cc} = R_{cc1}\,\vec{I}_{1N} + jX_{cc1}\,\vec{I}_{1N} = Z_{cc1}\,\vec{I}_{1N}$$

siendo I_{1N}, la intensidad nominal de transformador y $U_2 = 0$, por la definición dada.

El valor de la tensión de cortocircuito se expresa en relación porcentual, respecto de la tensión nominal de la máquina, ya sea de uno u otro circuito:

$$\varepsilon_{cc}\% = \frac{U_{1cc}}{U_{1N}}100 = \frac{U_{2cc}}{U_{2N}}100$$

pues:

$$\vec{U}_{1cc} = R_{cc1}\vec{I}_{1N} + jX_{cc1}\,\vec{I}_{1N} \rightarrow \frac{\vec{U}_{1cc}}{m} = \frac{R_{cc1}\,\vec{I}_{2N}}{m^2} + \frac{jX_{cc}\,\vec{I}_{2N}}{m^2} \rightarrow \vec{U}_{2cc} = R_{cc2}\vec{I}_{2N} + jX_{cc1}\vec{I}_{2N}$$

La tensión de cortocircuito da información de dos características muy importantes del transformador:

Por un lado, de la variación de tensión que puede tener el transformador. Efectivamente, a medida que la tensión de cortocircuito sea más elevada, significa que los valores de resistencia y reactancia, en definitiva, la impedancia de cortocircuito será más elevada, lo que determina que, para una intensidad concreta, se tendrá mayor diferencia entre la tensión de alimentación y la tensión suministrada multiplicada por la relación de transformación. Se puede comprobar fácilmente a partir del circuito equivalente o de las ecuaciones fasoriales. En conclusión, cuanto mayor sea la impedancia de cortocircuito, mayor variación de la tensión secundaria se tendrá.

Así pues, a primera vista parece que cuanto menor sea la tensión de cortocircuito, mejor para el funcionamiento del transformador, ya que de esta forma variará en menor medida la tensión suministrada.

Pero, por otro lado, en caso de que se produzca un cortocircuito en los terminales de salida del transformador, esto es, la unión accidental de los bornes de salida, se producirá una intensidad de corriente muy elevada, que está determinada por la ecuación:

$$\vec{U}_1 - \vec{U}'_2 = R_{cc1}\vec{I}_1 + jX_{cc1}\vec{I}_1$$

Si se produce un cortocircuito $U_2 = 0$, luego, $U'_2 = 0$, resultando:

$$\vec{U}_1 = R_{cc1}\vec{I}_1 + jX_{cc1}\vec{I}_1$$

A esta intensidad se le denomina intensidad de cortocircuito y su valor es, en el primario:

$$I_{1cc} = \frac{U_1}{R_{cc1} + jX_{cc1}} = \frac{100}{\varepsilon_{cc}\%}I_{1N}$$

y en el secundario: $I_{2cc} = m\,I_{1cc}$

Por ser un circuito serie R-L la intensidad resultante (Figura 3.6) es la suma de una componente senoidal (denominada permanente) más una exponencial negativa (denominada transitoria).

El valor de la intensidad permanente, en valor eficaz, es:

$$I_{1cc,p} = \frac{U_1}{\sqrt{R_{cc,1}^2 + X_{cc,1}^2}}$$

Y el valor inicial de la transitoria, puede llegar a ser:

$$I_{1cc,max} = 2 \cdot \sqrt{2} \cdot I_{1cc,p}$$

Para tener idea de esta magnitud, supóngase un transformador con una corriente nominal, por el lado de baja tensión de 1000 A, que es un valor de corriente dentro del orden de magnitud de los transformadores de distribución. Si tiene una tensión de cortocircuito del 5 %, también valor muy habitual, la intensidad de corriente de cortocircuito será de 20 000 A y la transitoria podría llegar a 56 568 A.

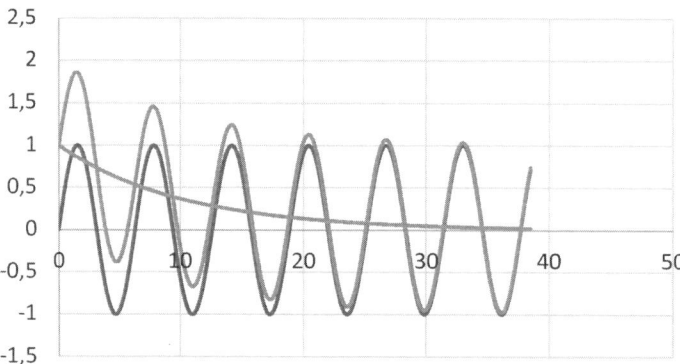

Figura 3.6.

Los efectos peligrosos de estas corrientes son el calentamiento y los esfuerzos electrodinámicos, ambos proporcionales al valor de la corriente al cuadrado. Respecto a los efectos térmicos, como es necesario un tiempo para producir el calentamiento y llegar a temperaturas no asumibles por los aislantes, si están bien calculados los interruptores automáticos actuarán, pero sobre los esfuerzos electrodinámicos, al ser tan instantáneos se tendrá que actuar sobre la sujeción de los devanados para evitar movimientos en ellos. En cualquier caso, queda claro que, visto desde este punto de vista, cuanto mayor sea la tensión de cortocircuito, menores problemas de calentamientos y esfuerzos electrodinámicos se tendrán.

En consecuencia, habrá que buscar una solución de compromiso de este valor, ya que, desde el punto de vista de la variación de tensión, cuanto más pequeña sea, mejor, pero estará mal protegido internamente frente a cortocircuitos. La solución adoptada para transformadores de distribución con potencias relativamente pequeñas (De 400 kVA a 1500 kVA) consiste en utilizar tensiones de cortocircuito entorno al 5 %, cuanto más potente, ese valor es más elevado. Para transformadores de centrales eléctricas o subestaciones de muy elevada potencia, los valores de las tensiones de cortocircuito pueden llegar al 15 %. De modo que cuanto mayor sea la potencia de la máquina, la tensión de cortocircuito también será mayor.

Indicar que, aunque se tengan variaciones de tensión importantes en las centrales o en las estaciones transformadoras, a la salida de estas debe haber reguladores de tensión en carga, de forma que se pueda controlar las tensiones de las redes de distribución, pero a la salida de los centros de transformación de distribución, estos reguladores ya no están y todas las posibles variaciones de tensión repercutirán sobre los usuarios.

3.4. Ensayos en vacío y en cortocircuito para la obtención del circuito equivalente

Para realizar el cálculo y la construcción de un transformador se parten de unas condiciones que debe cumplir, como son las tensiones, la potencia, la c.d.t. la tensión de cortocircuito, el rendimiento, etc. Una vez construido se deberá verificar que cumple las condiciones establecidas, aunque en la actualidad, con los softwares de elementos finitos las aproximaciones son muy elevadas. No obstante, hay que corroborar los datos iniciales. El circuito equivalente es un instrumento muy adecuado para efectuar estas comprobaciones, así que se estudiará, a continuación, la forma de obtenerlo.

Se puede observar en la Figura 3.4 que el circuito equivalente consta de dos partes, una rama en paralelo y otra en serie con los receptores. Pues bien, si se hace un ensayo en vacío del transformador, esto es, conectarlo a su tensión nominal sin que pase intensidad al circuito receptor, los elementos de la rama serie no tendrán ningún efecto, y el circuito equivalente será como el de la Figura 3.7. Si se dispone un equipo de medida (por ejemplo, un vatímetro digital) que mida la tensión, intensidad y potencia del circuito primario y en el secundario se dispone un voltímetro (Figura 3.8), se podrá determinar los valores de la resistencia de pérdidas en el hierro y de la reactancia magnetizante, correspondiente al flujo en el núcleo.

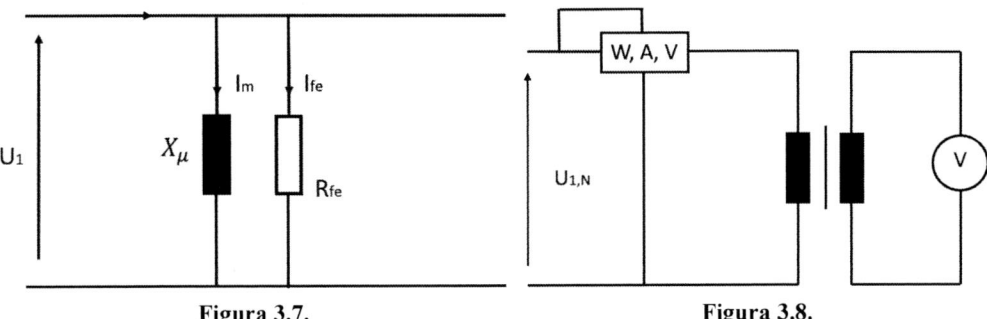

Figura 3.7.   Figura 3.8.

El voltímetro del secundario en la Figura 3.8, de impedancia muy elevada hace que no pase corriente por este devanado, de forma que con el equipo de medida del primario se podrá obtener la potencia activa, la aparente (producto de tensión por intensidad) y la reactiva, diferencia cuadrática entre la potencia aparente y la activa, y de esta forma, las resistencias R_{fe} y la reactancia X_m. Además, la relación entre las tensiones primaria y secundaria será la relación de transformación, ya que el transformador está en vacío y las f.e.m. se igualan la las tensiones:

$$S_0 = U_{1,N} \cdot I_0 \qquad Q_0 = \sqrt{S_0^2 - P_0^2}; \quad R_{fe} = \frac{U^2}{P_0}; \quad X_\mu = \frac{U^2}{Q_0} \; ; \quad m = \frac{U_{1,N}}{U_{2,0}}$$

S_0, P_0 y Q_0 son, respectivamente, las potencias aparente, activa y reactiva obtenidas del ensayo en vacío a tensión nominal $U_{1,N}$. Denominadas también potencias de vacío del transformador.

Si el ensayo se realizara a otra tensión que no fuera la nominal, la relación de transformación se podría obtener de la misma forma, por la relación de tensiones, la resistencia de pérdidas en el hierro podría también valer, ya que las pérdidas en el hierro son, aproximadamente, proporcionales al cuadrado de la tensión, pero la reactancia magnetizante no, ya que no hay linealidad entre la tensión y la intensidad en una reactancia con núcleo de hierro.

Para obtener los elementos de la rama serie, $R_{cc,1}$ y $X_{cc,1}$, se realiza un ensayo en cortocircuito, es decir, se cortocircuita el transformador, conectándolo a una tensión muy reducida para evitar intensidades de corriente elevadas. El valor de la intensidad de corriente deberá estar entre el 50 % y el 100 % de la corriente nominal. Ya se ha dicho que la intensidad de corriente de vacío es muy pequeña en comparación con la nominal. Además, la tensión a la que se conecta el transformador debe ser reducida para que, estando cortocircuitado no circulen corrientes elevadas, la corriente de vacío será totalmente despreciable. Por ejemplo, si en un transformador con tensión de cortocircuito del 10 % se le realiza un ensayo en cortocircuito a corriente nominal, se le aplicará el 10 % de la tensión nominal, con lo que la corriente de vacío será aproximadamente un 10 % de la que tendría en funcionamiento nominal. De esta forma, en el circuito equivalente del transformador presentado en este ensayo, se podrá eliminar la rama paralela, ya que por ella apenas circula corriente. Así quedará el circuito indicado en la Figura 3.9. Disponiendo el equipo de medida presentado en la Figura 3.10 para obtener la potencia activa y aparente, se podrán determinar los valores de $R_{cc,1}$ y $X_{cc,1}$, además de la tensión de cortocircuito.

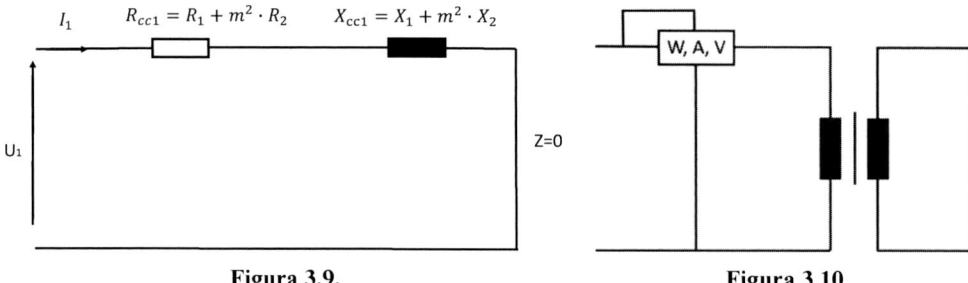

Figura 3.9.   **Figura 3.10.**

Si el ensayo se hace a la intensidad nominal del transformador, la tensión medida en el primario será, por definición, la tensión de cortocircuito, la potencia activa medida, será la potencia de cortocircuito (P_{cc}), o pérdidas en los conductores a intensidad nominal, con lo que se pueden obtener, además los valores de la resistencia y reactancia de cortocircuito:

$$S_{cc} = U_{cc,1} \cdot I_{1,N} \qquad Q_{cc} = \sqrt{S_{cc}^2 - P_{cc}^2}; \qquad R_{cc1} = \frac{P_{cc}}{I_{1,N}^2}; \qquad X_{cc1} = \frac{Q_{cc}}{I_{1,N}^2}$$

Las potencias medidas en el ensayo en cortocircuito a intensidad nominal son constantes propias del transformador y se les denomina, respectivamente, potencia aparente de cortocircuito, potencia activa de cortocircuito y reactiva.

En caso de que el ensayo se realizara con intensidad de corriente diferente de la nominal, como el circuito de la Figura 3.9 es lineal, de los valores obtenidos del ensayo realizado a intensidad reducida (P'$_{cc}$, U'$_{cc}$ y I'$_{cc}$) se obtendrían los valores nominales como:

$$U_{cc} = U'_{cc}\frac{I_n}{I'_{cc}} \qquad P_{cc} = P'_{cc}\left(\frac{I_n}{I'_{cc}}\right)^2$$

3.5. Variación de tensión

Se define como variación de tensión a la diferencia entre la tensión del transformador en vacío y la correspondiente cuando está suministrando energía a unos determinados receptores:

$$\varepsilon_c\% = \frac{U_{20}-U_2}{U_{20}}100 = \frac{U_1-m \cdot U_2}{U_1}100$$

siendo U_{20} la tensión en vacío del transformador y U_2 la tensión bajo una carga determinada.

Del último término de la expresión anterior se deduce que la variación de tensión es la diferencia de los módulos de los fasores U_1 y U_{20} del diagrama fasorial de la Figura 3.5.

Hay varias ecuaciones que relacionan las tensiones U_1 y m U_2, por ejemplo:

$$U_1^2 = \left(m \cdot U_2 \cdot cos\varphi_2 + R_{cc,1} \cdot I_1\right)^2 + \left(m \cdot U_2 \cdot sen\varphi_2 + X_{cc,1} \cdot I_1\right)^2$$

O bien directamente la variación de tensión:

$$\varepsilon_c\% = \frac{R_{cc,1} \cdot I_1}{U_1} \cdot cos\varphi_2 + \frac{X_{cc,1} \cdot I_1}{U_1} \cdot sen\varphi_2 + \frac{\frac{R_{cc,1} \cdot I_1}{U_1} \cdot sen\varphi_2 + \frac{X_{cc,1} \cdot I_1}{U_1} \cdot cos\varphi_2}{200}$$

La más utilizada por su sencillez y que se obtiene de la última ecuación es:

$$\varepsilon_c\% = C \cdot \varepsilon_{cc}\% \cdot cos(\varphi_{cc} - \varphi_2) + \frac{C \cdot \varepsilon_{cc}\% \cdot sen(\varphi_{cc} - \varphi_2)}{200}$$

siendo:

C, el índice de carga, que es la relación entre la intensidad suministrada y la nominal

$$C = \frac{I_2}{I_{2N}}$$

$\varepsilon_{cc}\%$, es la tensión de cortocircuito,

$$\varphi_{cc} = arc\,tan\,\frac{X_{cc,1}}{R_{cc,1}}$$

φ_2, es el ángulo de desfase correspondiente al receptor.

3.6. Pérdidas de potencia de los transformadores. Rendimiento

El conjunto de las pérdidas energéticas que se tienen en un transformador se puede clasificar en dos grupos:

- Pérdidas de vacío (Po) o constantes. Son las pérdidas que no dependen de la corriente, únicamente de la tensión de alimentación y de la frecuencia, por tanto, constantes para un transformador conectado a una red en la que no varíe la tensión y la frecuencia, que es el caso más usual. En este grupo se engloban las pérdidas en el hierro y las pérdidas en los dieléctricos. Se les denominan pérdidas de vacío porque están igualmente presentes a este régimen y se obtienen de un ensayo en vacío.

- Pérdidas de cortocircuito (Pcc) o variables. Son las pérdidas que dependen de la corriente de carga. Por tanto, engloban las pérdidas en los conductores, incluyendo el efecto Skin o pelicular. Se les denominan pérdidas de cortocircuito porque se obtienen a partir de este ensayo.

El rendimiento η del transformador se define como la relación entre la potencia útil suministrada Pu, que es la potencia activa cedida por el devanado secundario al sistema receptor y la potencia activa absorbida por el devanado primario, P_{abs}, procedente de la fuente de alimentación:

$$\eta = \frac{P_u}{P_{abs}} = \frac{P_u}{P_u + P_p}$$

siendo:

$$P_u = U_2 \cdot I_2 \cdot cos\,\varphi_2$$

o bien:

$$P_u = U_2 I_2 \frac{I_{2N}}{I_{2N}} cos\,\varphi_2 = CS_N cos\,\varphi_2$$

La potencia perdida en los conductores:

$$P_{c1} = R_1 \cdot I_1^2$$

$$P_{c2} = R_2 \cdot I_2^2$$

$$P_{ctotal} = R_1 \cdot I_1^2 + R_2 \cdot I_2^2 = R_1 \cdot I_1^2 + R_2 \, (m \, I_1)^2 = (R_1 + m^2 \, R_2) I_1^2 = R_{cc,1} \cdot I_1^2 = R_{cc,1} \cdot I_1^2 \cdot \frac{I_{1,N}^2}{I_{1,N}^2} = C^2 P_{cc}$$

Como P_0 es la potencia en vacío, de valor siempre constante, las pérdidas totales serán

$$P_p = P_o + C^2 P_{cc}$$

De modo que para obtener el rendimiento se puede utilizar la ecuación:

$$\eta = \frac{P_u}{P_{abs}} = \frac{C S_N cos \varphi_2}{C S_N cos \varphi_2 + P_0 + C^2 P_{cc}}$$

En el apartado anterior ya se ha estudiado la forma de obtener las pérdidas de vacío y de cortocircuito a través de los ensayos correspondientes. Se estudiará, a continuación, la característica del rendimiento.

Se observa que, para un transformador construido conectado a una red de tensión constante, las pérdidas de vacío, la resistencia de cortocircuito y la tensión son valores fijos, por lo que el rendimiento depende de las variables: corriente o índice de carga y factor de potencia, que son características del receptor.

La dependencia del rendimiento con el factor de potencia es creciente, según se deduce de la ecuación correspondiente: si cosφ es nulo el rendimiento lo es también, si cosφ aumenta, el rendimiento también, ya que está en el numerador y en el denominador de la ecuación, pero en el denominador hay otros dos valores independientes del factor de potencia, de lo que se deduce que el numerador aumentará más rápido que el denominador.

En cuanto a la dependencia con el índice de carga, se observa que si es nulo el rendimiento también lo es. A partir de este valor, si aumenta, lo hace también el rendimiento. Sin embargo, dado que en el denominador hay un término que incluye el índice de carga al cuadrado, para intensidades elevadas, cuando esta aumente, el rendimiento podría disminuir. Por tanto, podría haber un índice de carga para el que el rendimiento sea máximo. Este valor se obtiene derivando e igualando a cero la expresión del rendimiento. Realizando estos cálculos se obtiene que la condición de máximo rendimiento es:

$$I_{1,\eta,max} = \sqrt{P_o / R_{cc1}}$$

o bien, para un índice de carga que cumple la ecuación:

$$C_{\hat{\eta}} = \sqrt{\frac{P_o}{P_{cc}}}$$

a este índice de carga se le denomina índice de carga de rendimiento máximo o coeficiente de carga (K_c).

De la deducción anterior se desprende que: "El rendimiento máximo de un transformador se produce cuando las pérdidas en los conductores se igualan a las pérdidas de vacío".

Así, el rendimiento máximo $\hat{\eta}$ queda determinado por la ecuación:

$$\hat{\eta} = \frac{K_c \cdot S_N \cdot cos\varphi_2}{K_c \cdot S_N \cdot cos\varphi_2 + 2P_0}$$

Por lo indicado anteriormente y de los valores usuales de los parámetros de los transformadores resulta que la característica del rendimiento es de la forma indicada en la Figura 3.11. Abscisas: índice de carga, ordenadas, rendimiento.

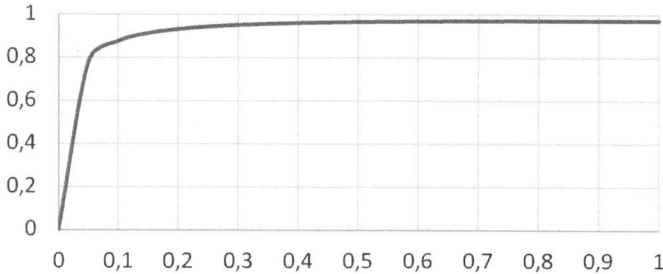

Figura 3.11. Característica rendimiento.

De la característica del rendimiento se puede deducir el reparto más adecuado de las pérdidas de un transformador, o bien, la utilización óptima desde el punto de vista del rendimiento. Lo que a primera vista parece lógico, que es proyectar el transformador para que se produzca el rendimiento máximo a plena carga o elegir un transformador que tenga el rendimiento máximo para valores próximos a la plena carga, no es la solución más adecuada. Ya que, por un lado, el rendimiento es pequeño para índices de carga reducidos, pero, una vez alcanzado el rendimiento máximo, se mantiene en valores elevados. Esto significa que la utilización óptima del transformador es para índices de carga iguales o superiores al de rendimiento máximo. Por otro lado, los transformadores, por lo general, no funcionan habitualmente a plena carga, especialmente los de distribución. Por lo tanto, el rendimiento máximo conviene que se produzca con cargas menores a la de plena carga. Además, los transformadores son máquinas que siempre están conectadas, bien a la red o bien a las máquinas generadoras de energía eléctrica ubicadas en las centrales, por lo que las pérdidas de vacío están siempre presentes y por ello adquieren una importancia mucho mayor que en las restantes máquinas, obligando su explotación económica a reducirlas como en ningún otro tipo de aparato.

De lo indicado anteriormente se infiere que es conveniente que las pérdidas de vacío sean lo más reducidas posibles y, por tanto, que se produzca el rendimiento máximo para un valor de corriente reducida o índice de carga pequeño. Como ejemplo, la Figura 3.11 corresponde a la característica del rendimiento de un transformador que tuviera unas pérdidas de vacío igual al 30 % de las variables. En este caso, el rendimiento máximo se obtendría al 55 % de la potencia nominal.

Problemas tema 3

Problema 3.1. Se realizan los ensayos en vacío y cortocircuito a un transformador monofásico de 100 kVA con tensiones nominales de 11000/400 V y 50 Hz de frecuencia obteniendo los siguientes resultados:

Vacío: U = 400 V; Po = 600 W; I0 = 5 A

Cortocircuito: U = 300 V; Icc = 7 A; Pcc = 900 W

Calcular:

1. Los valores de los elementos pasivos del circuito equivalente reducido a alta tensión.

2. La variación de tensión para el funcionamiento al 80 % de su plena carga y con factor de potencia 0,90.

3. El rendimiento en las condiciones del apartado anterior.

Ap. 1

$$R_{fe} = \frac{U^2}{P_o} = \frac{11000^2}{600} = 201.7k\,\Omega$$

$$Q_o = \sqrt{S_0^2 - P_0^2} = \sqrt{\left(U \cdot I_0\right)^2 - P_0^2} = \sqrt{\left(400 \cdot 5\right)^2 - 600^2} = 1908 \text{ VAr}$$

$$X_\mu = \frac{U^2}{Q_o} = \frac{11\,000^2}{1908} = 63.4k\Omega$$

$$R_{ccAT} = \frac{P'_{cc}}{I_{cc}^2} = \frac{900}{7^2} = 18.4\Omega$$

$$S'_{CC} = U'_{CC} \cdot I'_{cc} = 300 \cdot 7 = 2100VA$$

$$Q_{CC} = \sqrt{S_{CC}^2 - P_{CC}^2} = \sqrt{2100^2 - 900^2} = 1897VAr$$

$$X_{ccAT} = \frac{Q_{cc}}{I_{AT}^2} = \frac{1897}{7^2} = 38.7\Omega$$

Ap. 2

$$I_{NAT} = \frac{S}{U_{AT}} = \frac{100000}{11000} = 9.1 A$$

$$\varepsilon_{cc}\% = \frac{U_{cc}}{U_N}100 = \frac{U'_{cc}\dfrac{I_{NAT}}{I_{ensAT}}}{U_N}100 = \frac{300\dfrac{9.1}{7}}{11000}100 = 3.54\%$$

$$\varphi_{cc} = accos\frac{P'_{cc}}{S'_{cc}} = accos\frac{900}{2100} = 64.6°$$

$$\varepsilon_c\% = C \cdot \varepsilon_{cc}\% \cdot \cos(\varphi_{cc} - \varphi_2) = 0.8 \cdot 3.54\% \cdot \cos(64.6 - 25.8) = 2.21\%$$

Ap. 3

$$P_{cc} = P'_{cc}\left(\frac{I_{NAT}}{I_{ensAT}}\right)^2 = 900\left(\frac{9.1}{7}\right)^2 = 1521W$$

$$\eta = \frac{C \cdot S_N \cdot cos\varphi}{C \cdot S_N \cdot cos\varphi + C^2 \cdot P_{cc} + P_o} = \frac{0.8 \cdot 100000 \cdot 0.9}{0.8 \cdot 100000 \cdot 0.9 + 0.8^2 \cdot 1521 + 600} = 0.978$$

Problema 3.2. Calcular los valores de las resistencias y reactancias del circuito equivalente reducido a alta tensión de un transformador monofásico de 60 kVA y tensiones nominales de 6000/400 V y 50 Hz con tensión de cortocircuito del 6 %, pérdidas de cortocircuito del 2 %, intensidad de vacío por AT de 0,5 A y pérdidas de vacío del 1 %.

$$I_N = \frac{S_n}{U} = \frac{60000}{6000} = 10$$

$$P_{cc} = \frac{P_{cc}\%}{100}S_n = \frac{2}{100}60000 = 1200 \ W$$

$$R_{cc} = \frac{P_{cc}}{I_N^2} = \frac{1200}{10^2} = 12 \ \Omega$$

$$S_{cc} = \frac{\varepsilon_{cc}\%}{100}S_n = \frac{6}{100}60000 = 3600 \ VA$$

$$Q_{cc} = \sqrt{S_{cc}^2 - P_{cc}^2} = \sqrt{3600^2 - 1200^2} = 3394 \ VAr$$

$$X_{cc} = \frac{Q_{cc}}{I_N^2} = \frac{3394}{10^2} = 33.94 \ \Omega$$

$$P_o = \frac{P_0\%}{100}S_n = \frac{1}{100}60000 = 600 \ W$$

$$R_{fe} = \frac{U^2}{P_o} = \frac{6000^2}{600} = 60 \, k\Omega$$

$$S_o = U \cdot I_0 = 6000 \cdot 0.5 = 3000 \, VA$$

$$Q_o = \sqrt{S_0^2 - P_0^2} = \sqrt{300^2 - 600^2} = 2936 \, VAr$$

$$X_\mu = \frac{U^2}{Q_o} = \frac{6000^2}{2936} = 12.25 \, k\Omega$$

Problema 3.3. Un transformador monofásico de 60 kVA y tensiones nominales de 6000/400 V y 50 Hz se ensaya cortocircuito con una corriente de 100 A y se mide una tensión de 200 V y una potencia de 650 W. Calcular la tensión de cortocircuito en valor porcentual y la variación de tensión para el funcionamiento a plena carga con factor de potencia 0,8.

$$I_{N,BT} = \frac{S_N}{U_{N,BT}} = \frac{60000}{400} = 150$$

$$U_{cc} = \frac{150}{100} 200 = 300 \, V$$

$$\varepsilon_{cc}\% = \frac{U_{cc}}{U_N} 100 = \frac{300}{6000} 100 = 5\%$$

$$P_{cc} = \left(\frac{150}{100}\right)^2 650 = 1462 \, W$$

$$\varphi_{cc} = arccos \frac{P_{cc}}{S_{cc}} = arccos \frac{1462}{\frac{5}{100} 60000} = 60.8°$$

$$\varepsilon_c\% = C \cdot \varepsilon_{cc}\% \cdot cos(\varphi_{cc} - \varphi_2) = 1 \cdot 5 \cdot cos(60.8 - 36.38) = 4.57\%$$

Problema 3.4. Un transformador monofásico de 30 kVA, tensiones nominales de 1500/230 V y frecuencia de 50 Hz se ensaya en vacío a tensión nominal midiéndose una corriente de 1,5 A y una potencia de 600 W. En cortocircuito con tensión de 100 V se mide una corriente de 15 A y una potencia de 1000 W. Calcular:

1. Los valores de las resistencias y reactancias del circuito equivalente reducido a alta tensión.

2. La variación de tensión y el rendimiento cuando funcione al 80 % de plena carga con factor de potencia 0,9.

Ap. 1

$$R_{fe} = \frac{U^2}{P_o} = \frac{1500^2}{600} = 3750 \ \Omega$$

$$S_o = U_N \bullet I_O = 1500 \bullet 1.5 = 2250 VA$$

$$Q_o = \sqrt{S_o^2 - P_o^2} = \sqrt{2250^2 - 600^2} = 2168 \ VAr$$

$$X_\mu = \frac{U^2}{Q_o} = \frac{1500^2}{2168} = 1038 \ \Omega$$

$$R_{ccaT} = \frac{P'_{cc}}{I_{cc}^2} = \frac{1000}{15^2} = 4.44 \Omega$$

$$S'_{CC} = U'_{CC} \cdot I'_{cc} = 100 \cdot 15 = 1500 VA$$

$$Q'_{CC} = \sqrt{S_{CC}^2 - P_{CC}^2} = \sqrt{1500^2 - 1000^2} = 1118 VAr$$

$$X_{ccAT} = \frac{Q'_{cc}}{I_{AT}^2} = \frac{1118}{15^2} = 4.97 \Omega$$

Ap. 2

$$I_{NAT} = \frac{S}{U_{BT}} = \frac{30000}{1500} = 20A$$

$$U_{cc} = U'_{cc} \frac{I_{NAT}}{I'_{ccAT}} = 100 \frac{20}{15} = 133.3 \ V$$

$$\varepsilon_{cc}\% = \frac{U_{cc}}{U_N} 100 = 100 \frac{133.3}{1500} = 8.89\%$$

$$\varphi_{cc} = accos \frac{P'_{cc}}{S'_{cc}} = accos \frac{1000}{1500} = 48.2°$$

$$\varepsilon_c\% = C \cdot \varepsilon_{cc}\% \cdot \cos(\varphi_{cc} - \varphi_2) = 0.8 \cdot 8.89\% \cdot \cos(48.2 - 25.8) = 6.57\%$$

$$P_{cc} = P'_{cc} \left(\frac{I_{NAT}}{I'_{ccAT}}\right)^2 = 1000 \left(\frac{20}{15}\right)^2 = 1778 \ W$$

$$\eta = \frac{S_N \cdot cos\varphi}{S_N \cdot cos\varphi + C^2 \cdot P_{cc} + P_o} = \frac{30000 \cdot 0.8 \cdot 0.9}{30000 \cdot 0.8 \cdot 0.9 + 0.8^2 \cdot 1778 + 600} = 0.925$$

Problema 3.5. Un transformador monofásico de 100 kVA con tensiones nominales de 1000/230 V, tiene una tensión de cortocircuito de 50 V, unas pérdidas de cortocircuito del 2000 W, la intensidad de vacío es del 3 % de la nominal y pérdidas de vacío del 800 W. Calcular:

1. Los valores de las resistencias y reactancias del circuito equivalente reducido a alta tensión.

2. El rendimiento para el funcionamiento al 60 % de la potencia nominal con factor de potencia 0,85.

3. La corriente de cortocircuito por ambos lados de la máquina.

Ap. 1

$$R_{fe} = \frac{U^2}{P_o} = \frac{1000^2}{800} = 1250\ \Omega$$

$$S_o = U_N \cdot I_O = U_N \frac{3}{100} I_N = \frac{3}{100} S_N = \frac{3}{100} 100 = 3\ \text{kVA}$$

$$Q_o = \sqrt{S_o^2 - P_o^2} = \sqrt{3000^2 - 700^2} = 2917\ VAr$$

$$X_\mu = \frac{U^2}{Q_o} = \frac{1000^2}{2917} = 343\Omega$$

$$I_{NAT} = \frac{S}{U} = \frac{100000}{1000} = 100\ A$$

$$R_{ccAT} = \frac{P_{cc}}{I_{NAT}^2} = \frac{2000}{100^2} = 0.2\Omega$$

$$S_{CC} = U_{CCAT} \cdot I_{NAT} = 50 \cdot 100 = 5000VA$$

$$Q_{CC} = \sqrt{S_{CC}^2 - P_{CC}^2} = \sqrt{5000^2 - 2000^2} = 4583\ VAr$$

$$X_{ccAT} = \frac{Q_{cc}}{I_{NAT}^2} = \frac{4583}{100^2} = 0.458\ \Omega$$

Ap. 2

$$\eta = \frac{C \cdot S_N \cdot cos\varphi}{C \cdot S_N \cdot cos\varphi + C^2 \cdot P_{cc} + P_o} = \frac{0.6 \cdot 100 \cdot 0.85}{0.6 \cdot 100 \cdot 0.85 + 0.6^2 \cdot 2 + 0,8} = 0.971$$

Ap. 3

$$I_{NBT} = \frac{S}{U_{BT}} = \frac{100000}{230} = 435\ A \qquad \varepsilon_{cc}\% = \frac{U_{cc}}{U_N} 100 = \frac{50}{1000} 100 = 5\%$$

$$I_{CCBT} = \frac{I_{NBT}}{\varepsilon_{cc}\%} 100 = \frac{435}{5} 100 = 8700\ A \qquad I_{CCAT} = \frac{I_{NAT}}{\varepsilon_{cc}\%} 100 = \frac{100}{5} 100 = 2000\ A$$

Problema 3.6. Un transformador monofásico de 100 kVA con tensiones nominales de 1000/400 V y 50 Hz, se ensaya en vacío a tensión nominal por el lado de baja tensión midiéndose una corriente de 12 A con factor de potencia 0,14. Ensayándolo en cortocircuito, también por baja tensión, con 20 V se mide una corriente en este devanado de 200 A con factor de potencia de 0,35. Calcular:

1. El circuito equivalente, reducido a alta tensión.

2. La tensión del devanado de baja tensión cuando, estando alimentado a su tensión nominal suministra su plena carga a un receptor con factor de potencia inductivo igual a 0,9.

3. El rendimiento en las condiciones del apartado anterior.

Ap. 1

$$I_{oAT} = I_{oBT}/m = \frac{12}{\frac{1000}{400}} = 4.8A$$

$$I_\mu = I_{oAT} \cdot sen\ \varphi = 4.8 \cdot 0.99 = 4.75A$$

$$I_{fe} = I_{oAT} \cdot cos\varphi = 4.8 \cdot 0.14 = 0.672A$$

$$X_\mu = \frac{U}{I_\mu} = \frac{1000}{4.75} = 210.5\Omega$$

$$R_{fe} = \frac{U}{I_{fe}} = \frac{1000}{0.672} = 1488\Omega$$

$$I_{NBT} = \frac{S}{U_{BT}} = \frac{100000}{400} = 250A$$

$$P_{cc,ensayo} = U_{cc,ensayo} \cdot I_{ensayo} \cdot cos\varphi = 20 \cdot 200 \cdot 0.35 = 1400W$$

$$P_{cc} = P_{cc,ensayo}\left(\frac{I_N}{I_{ensayo}}\right)^2 = 1400\left(\frac{250}{200}\right)^2 = 2187.5W$$

$$U_{ccBT} = U_{cc,ensayo}\left(\frac{I_N}{I_{ensayo}}\right) = 20\left(\frac{250}{200}\right) = 25V \quad U_{ccAT} = U_{ccBT}\frac{U_{AT}}{U_{BT}} = 25\frac{1000}{400} = 62.5V$$

$$R_{ccAT} = \frac{P_{cc}}{I_{AT}^2} = \frac{2187.5}{100^2} = 0.2187\Omega$$

$$Z_{cc} = \frac{U_{cc}}{I_{AT}} = \frac{62.5}{100} = 0.625\Omega$$

$$X_{cc} = \sqrt{Z_{cc}^2 - R_{cc}^2} = \sqrt{0.625^2 - 0.218^2} = 0.586\Omega$$

Ap. 2

$$\varepsilon_c\% = C \cdot \varepsilon_{cc}\% \cdot cos(\varphi_{cc} - \varphi_2)$$

$$\varepsilon_{cc}\% = \frac{U_{cc}}{U_N} \cdot 100 = \frac{62.5}{1000} \cdot 100 = 6.25\%$$

$$\varphi_{cc} = arctg\frac{X_{cc}}{R_{cc}} = \text{arctg}\frac{0.586}{0.2187} = 69.5$$

$$\varepsilon_c\% = 1 \cdot 6.25\% \cdot cos\,(69.5 - 25.8) = 4.55\%$$

$$U_2 = U_{20}\left(1 - \frac{\varepsilon_c\%}{100}\right) = 400\left(1 - \frac{4.55}{100}\right) = 381.8V$$

Ap. 3

$$\eta = \frac{C \cdot S_N \cdot cos\varphi}{C \cdot S_N \cdot cos\varphi + P_o + C^2 P_{cc}} = \frac{1 \cdot 100000 \cdot 0.9}{1 \cdot 100000 \cdot 0.9 + 672 + 1^2 \cdot 2187} = 0.969$$

Problema 3.7. Un transformador monofásico de 15 kVA tiene tensiones nominales de 3,3 kV/230 V, y tensiones de cortocircuito del 5 %. La tensión en el secundario cuando trabaja a plena carga alimentando una carga resistiva pura estando su 1° conectado a su tensión nominal es de 223,1 V y el rendimiento máximo se produce con un índice de carga de 0,577 sea cual sea el factor de potencia de la carga. Calcula:

1. La potencia de cortocircuito del transformador P_{cc}.
2. Sus pérdidas en el hierro a tensión nominal, P_0.
3. La resistencia y reactancia de cortocircuito referidas al lado de baja tensión.
4. La tensión en el 2° y el rendimiento cuando, estando su primario conectado a su tensión nominal, trabaja a plena carga alimentando una carga con f.d.p. 0,8 inductivo.

Ap.1

Si la tensión en el secundario en carga para C = 1 y cos φ2 = 1 es de 223,1V:

$$\varepsilon_c(\%) = 100\frac{U_{2N} - U_{2c}}{U_{2N}} = 100\frac{6,9}{230} = 3\% = C \cdot \varepsilon_{cc}(\%) \cdot cos(\varphi_{cc} - \varphi_2) = 1 \times 5 \times cos(\varphi_{cc} - 0°)$$

$$\Rightarrow cos\varphi_{cc} = 0,6 \Rightarrow \varepsilon_{Rcc}(\%) = \varepsilon_c(\%) \cdot cos(\varphi_{cc}) = 3\% = 100\frac{P_{cc}}{S_N} \Rightarrow P_{cc} = 3\%\,de\,S_N = 450W$$

Ap. 2

Si el rendimiento máximo tiene lugar para C=0,577:

$$C_{\eta=máx} = \sqrt{\frac{P_0}{P_{cc}}} \Rightarrow P_0 = C_{\eta=máx}^2 P_{cc} = 0{,}333 \times 450W = 150W$$

Ap. 3

Con las tensiones resistiva y reactiva de cortocircuito obtenemos de forma directa la resistencia y reactancia referidas al 2°:

$$\varepsilon_{Rcc}(\%) = 100\frac{R_{2cc}I_{2N}}{U_{2N}} \Rightarrow$$

$$R_{2cc} = \frac{\varepsilon_{Rcc}(\%)}{100}\frac{U_{2N}}{I_{2N}} = \frac{\varepsilon_{Rcc}(\%)}{100}\frac{U_{2N}^2}{S_N} = \frac{3}{100}\frac{(230V)^2}{15000VA} = 105{,}8m\Omega$$

$$\varepsilon_{Xcc}(\%) = \varepsilon_{cc}(\%)sin(\varphi_{cc}) = 100\frac{X_{2cc}I_{2N}}{U_{2N}} \Rightarrow$$

$$X_{2cc} = \frac{\varepsilon_{Xcc}(\%)}{100}\frac{U_{2N}}{I_{2N}} = \frac{\varepsilon_{Xcc}(\%)}{100}\frac{U_{2N}^2}{S_N} = \frac{4}{100}\frac{(230V)^2}{15000VA} = 141m\Omega$$

Ap. 4

Y la tensión en carga:

$$\varepsilon_c(\%) = C \cdot \varepsilon_{cc}(\%) \cdot cos(\varphi_{cc} - \varphi_2) = 1 \times 5 \times cos(53{,}13° - 36{,}87°) = 4{,}8\%$$

$$\Rightarrow U_{2c} = \frac{100 - \varepsilon_c}{100}U_{2N} = 219V$$

Y el rendimiento:

$$\eta = \frac{C \cdot S_N \cdot cos\varphi_2}{C \cdot S_N \cdot cos\varphi_2 + P_0 + C^2 P_{cc}} \quad \begin{Bmatrix} P_0 = 0{,}15kW \\ P_{cc} = 0{,}45kW \end{Bmatrix} \longrightarrow \eta = \frac{1 \times 15 \times 0{,}8}{1 \times 15 \times 0{,}8 + 0{,}15 + 1^2 \times 0{,}45} = 0{,}952$$

Problema 3.8. Un transformador monofásico de 2 kVA con tensiones nominales en vacío de 400/24 V está construido con un núcleo acorazado dimensiones exteriores de 220 mm × 220 mm, dos ventanas de 50 mm × 160 mm, tres entrehierros de 0,1 mm, espesor del paquete de chapas de 50 mm y factor de apilado de 0,98. La permeabilidad relativa, en el punto de funcionamiento, de la chapa magnética utilizada es de 2000, las pérdidas específicas de 4 W/kg, el peso específico de la chapa 7,8 kg/dm³ y el devanado de baja tensión está formado por 20 espiras. En un ensayo en cortocircuito con tensión de 20 V se mide una potencia de 25 W y una intensidad de corriente de 50 A, calcular:

1. Las componentes de la corriente de vacío por el lado de mayor tensión.

2. La tensión secundaria cuando se conecta a su tensión nominal para suministrar la corriente nominal a un receptor con factor de potencia 0,8 inductivo.

3. El rendimiento en la condición de trabajo del apartado anterior.

4. El número de espiras que deberá tener el devanado primario para conseguir que, en las condiciones indicadas en el apartado 2, la tensión suministrada sea 24 V. (Suponer que la variación de espiras no modifica la resistencia e inductancia del devanado).

Ap. 1

$$N_1 = N_2 \frac{U_1}{U_2} = 20\frac{400}{24} = 333$$

$$l_\varepsilon = 0.2mm$$

$$l_h = 540mm$$

$$B_{max,h} = \frac{U_1}{4.44 \cdot f \cdot N_1 \cdot S} = \frac{400}{4.44 \cdot 50 \cdot 333 \cdot 60 \cdot 50 \cdot 10^{-6} \cdot 0.98} = 1.84T$$

$$H_h = \frac{B_{max,h}}{\sqrt{2} \cdot \mu_0 \cdot \mu_r} = \frac{1.84}{\sqrt{2} \cdot 4 \cdot \pi \cdot 10^{-7} \cdot 2000} = 531.3A/m$$

$$H_\varepsilon = \frac{1.84 \cdot 0.98}{4 \cdot \pi \cdot 10^{-7} \cdot \sqrt{2}} = 1014656A/m$$

$$I_\mu = \frac{540 \cdot 0.531 + 0.2 \cdot 10^{-3} \cdot 1014656}{333} = 1.47A$$

$$V = 1.58dm^3$$

$$P_{Fe} = 49.5W$$

$$I_{Fe} = 0.124A$$

Ap. 2

$$\varepsilon_c\% = C \cdot \varepsilon_{cc}\% \cdot cos(\varphi_{cc} - \varphi_2)$$

$$I_{NBT} = \frac{S}{U} = \frac{2000}{24} = 83.3A$$

$$U_{cc} = \frac{I_N}{I_{ens}}U'_{cc} = \frac{83.3}{50}20 = 33.3V$$

$$\varepsilon_c\% = 1 \cdot 8.33\% \cdot cos(65.3 - 36.9) = 7.3\%$$

$$U_2 = U_{20}\left(1 - \frac{\varepsilon_c\%}{100}\right) = 24\left(1 - \frac{7.3}{100}\right) = 22.2 \ V$$

Ap. 3

$$\eta = \frac{U_2 \cdot I_N \cdot cos\varphi}{U_2 \cdot I_N \cdot cos\varphi + P_o + C^2 P_{cc}} = \frac{22.2 \cdot 83.3 \cdot 0.8}{22.2 \cdot 83.3 \cdot 0.8 + 49.5 + 1^2 \cdot 69.4} = 0.925$$

Ap. 4. Para que en carga se tengan 24 V, en vacío se deberá tener:

$$U_{20} = U_2\frac{100}{100 - \varepsilon_c\%} = 24\frac{100}{100 - 7.3} = 25.9 \ V$$

$$N_1 = \frac{U_1}{U_{20}}N_2 = \frac{400}{25.9}20 = 309$$

4

Transformadores trifásicos

4.1. Transformadores trifásicos. Ventajas e inconvenientes

Al igual que en los sistemas monofásicos, para elevar o reducir la tensión en los sistemas trifásicos se emplean transformadores. Entendiendo un sistema trifásico como la composición de tres tensiones monofásicas del mismo valor eficaz y con desfases temporales de un tercio de periodo, se puede realizar esta transformación con tres transformadores monofásicos de tal forma que cada uno de ellos realice la transformación en una de las fases del sistema trifásico. En la Figura 4.1 se observan estos tres transformadores monofásicos realizando, cada uno de ellos la transformación en una de las fases, así el transformador de la izquierda realiza la transformación en la fase R, en de la fase S el del centro y en la fase T el de la derecha. Si se parte de un sistema de tensiones equilibrado en el primario, como las f.e.m. de ambos circuitos están en fase, el sistema que resulta en el lado secundario es un sistema trifásico equilibrado.

En esta figura se observa que los tres transformadores están conectados en estrella, tanto en el primario como en el secundario, aunque también puede haber otras configuraciones que más adelante se estudiarán. No obstante, se ha incluido en la Figura 4.2 una conexión en triángulo en el primario y estrella en el secundario.

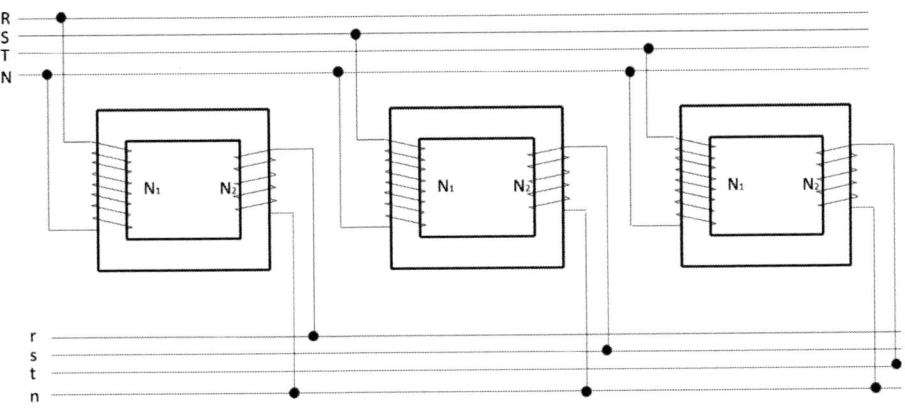

Figura 4.1.

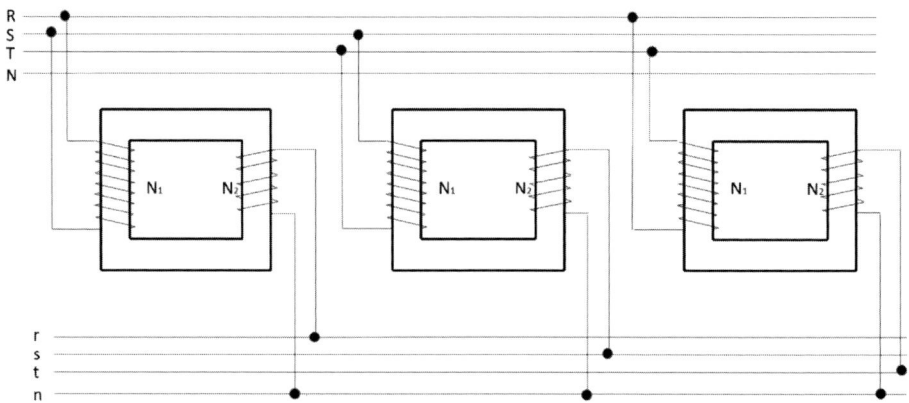

Figura 4.2.

Las transformaciones realizadas de esta forma se denominan "transformación trifásica mediante un banco de transformadores monofásicos" que tiene ciertas aplicaciones como se analizará más adelante.

Si se disponen los devanados de cada uno de los tres transformadores en la misma columna y los núcleos se unen por la columna que queda libre de devanados (Figura 4.3), resulta que por esas tres columnas que están unidas el campo magnético es nulo, ya que como las tensiones a las que están conectados los devanados forman un sistema trifásico equilibrado, los flujos magnéticos que recorren los tres núcleos están desfasados temporalmente un tercio de periodo, por lo que la suma de ellos es cero y, por tanto, se puede eliminar esa columna (Figura 4.4).

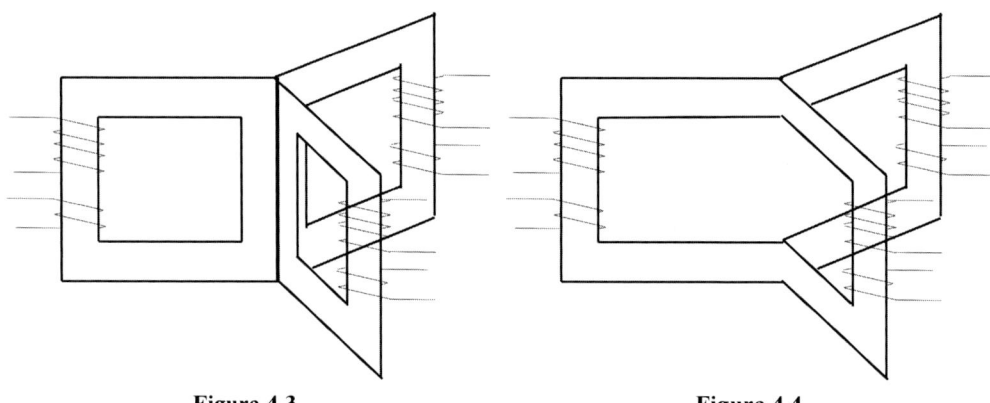

Figura 4.3.   **Figura 4.4.**

Abatiendo los circuitos magnéticos de dos de los transformadores en el mismo plano y eliminando las culatas del tercero queda la configuración habitual de los transformadores trifásicos (Figuras 4.5 y 4.6).

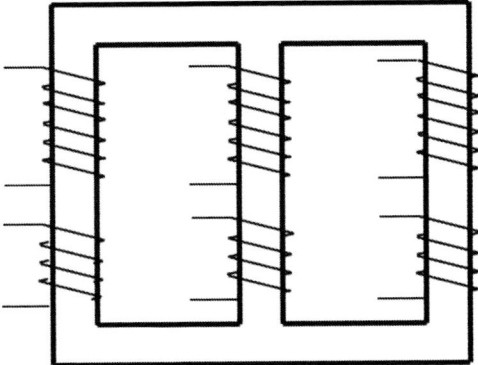

Figura 4.5.

Figura 4.6. Transformador trifásico de columnas. Detalle de las tomas para espiras de regulación.

Así pues, se puede realizar una transformación trifásica mediante tres transformadores monofásicos o mediante un transformador trifásico. A continuación, se analizarán, las ventajas e inconvenientes de la utilización de un transformador trifásico frente a los tres monofásicos.

4.1.1. Ventajas

- Menor peso del hierro que el conjunto de transformadores monofásicos, ya que se han anulado tres columnas y dos culatas.

- Menor cantidad de material para construir la cuba o recipiente, ya que hay que construir una sola frente a tres, aunque sea de mayor tamaño que una de las de los monofásicos.

- Menor número de aisladores pasatapas para embornamiento. Solo salen 6 conductores más, en su caso el neutro, mientras que con los tres monofásicos hay que sacar un total de 12 conductores al exterior.

- Menor cantidad de fluido refrigerante, por ser el tamaño global de la cuba más pequeño que las tres de los monofásicos.

- Menor peso total del transformador.

- Menor número de dispositivos de protección.

De donde se deduce:

- Menores pérdidas en el hierro y consecuentemente mayor rendimiento.
- Menor tamaño del transformador.
- Menor coste de instalación y de ocupación del terreno.
- Menor coste de consumo de energía ya que el rendimiento es superior.

4.1.2. Inconvenientes

- La avería en cualquiera de los devanados de una fase supone la inutilización del transformador.

- Para conservar el servicio, la reserva frente a una avería será el 100 % del capital invertido en la instalación del transformador. Es decir, si se produce una avería en un transformador trifásico, se necesita otro de reserva. Mientras que, en el caso de un banco trifásico con tres transformadores monofásicos, el inconveniente se reduce a la tercera parte, pues sólo hace falta un transformador monofásico de reserva.

- Produce un pequeño desequilibrio de corrientes de vacío, ya que el recorrido magnético de la columna central es inferior. Supone un mínimo desequilibrio de corrientes, prácticamente inapreciable en carga.

Así pues, en la gran mayoría de aplicaciones se utiliza el transformador trifásico debido a sus ventajas frente al banco trifásico. Solamente en instalaciones críticas y de gran potencia, como pueden ser algunas centrales eléctricas, utilizan bancos de transformadores trifásicos para hacer esa transformación. En estos casos, ante la avería de un transformador se debería tener otro de la misma potencia para su sustitución, ya que la reparación de una de estas máquinas puede requerir mucho tiempo, dejando sin servicio la central. En estos casos en más conveniente utilizar los tres monofásicos y tener otro de reserva. Por otro lado, transformadores de muy elevada potencia son muy complicados de fabricar y también de transportar, uniendo ambas casuísticas se puede concluir en utilizar los bancos monofásicos cuando las transformaciones son de muy elevada potencia o en instalaciones críticas. En la actualidad, los transformadores trifásicos se fabrican para potencias inferiores a 600 MVA que determinan un peso de unas 350 toneladas.

Otra posible aplicación es el caso de suministros monofásicos de baja potencia. En estas situaciones se puede poner solamente uno monofásico y, en caso de aumento de potencia a suministrar se añade un segundo transformador u otro más, formado así, en última instancia, una transformación trifásica con tres monofásicos.

La forma de construir este núcleo cuando se utiliza chapa laminada en frío, que es en la mayoría de los casos, queda esquematizada en la Figura 4.7, en la que se indica la disposición de los entrehierros a fin de que la dirección del campo magnético coincida con la de laminación como se estudió en el tema primero. En las Figuras 4.8 a, b, c se muestran fotografías de transformadores trifásicos, con detalles de los núcleos magnéticos y los devanados encapsulados.

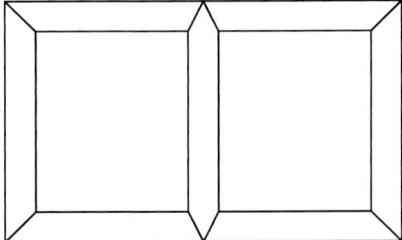

Figura 4.7.

Figura 4.8 a. Transformador trifásico de columnas con devanados encapsulados (transformador seco).

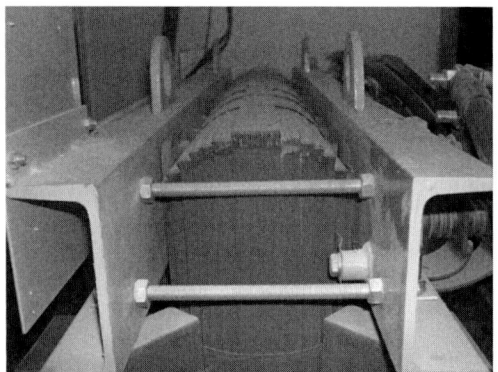 

Figura 4.8 b. Detalle de la culata del transformador de la fotografía anterior

Figura 4.8 c. Detalle de los devanados de transformador encapsulado.

El núcleo del transformador analizado hasta aquí es el denominado núcleo de tres columnas, que es el más común y el menos costoso de fabricar. Hay otros dos núcleos para transformadores trifásicos que son el de cinco columnas y el acorazado de eje común. El de cinco columnas se utiliza en transformadores de elevada potencia con el fin de obtener una reducción de la altura del transformador y limitar flujos de dispersión.

La Figura 4.9 representa este núcleo magnético, en la que se indican las dimensiones de columnas laterales (E), la altura de la culata (W), y la anchura de las columnas centrales (D).

$$W = E = 0,577\ D$$

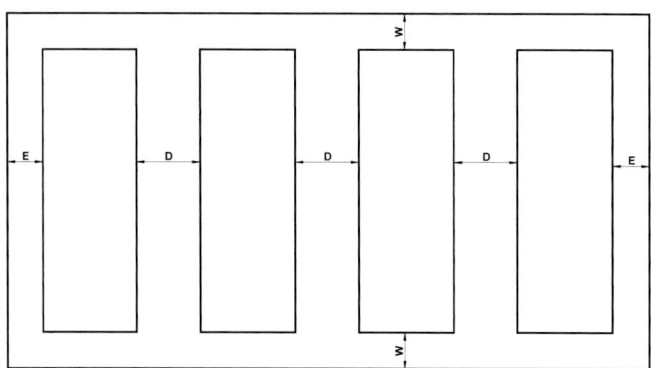

Figura 4.9.

Para entender el núcleo acorazado, supóngase tres transformadores monofásicos con núcleos acorazados dispuestos tal como indican la Figura 4.10. Uniendo estos núcleos por las culatas se obtiene el resultante indicado en la Figura 4.11. La unión de los núcleos magnéticos determina un ahorro considerable de hierro, ya que los flujos magnéticos, en las culatas adyacentes A y B correspondientes a fases diferentes, se superponen fasorialmente, resultando una suma inferior a la suma aritmética.

Así pues, cualquiera de los tres núcleos estudiados determina un ahorro de material magnético; no obstante, es evidente que el de mayor ahorro y facilidad constructiva es el de tres columnas, por lo que es el de mayor utilización, siguiendo, por este orden, el de 5 columnas y el acorazado de eje común.

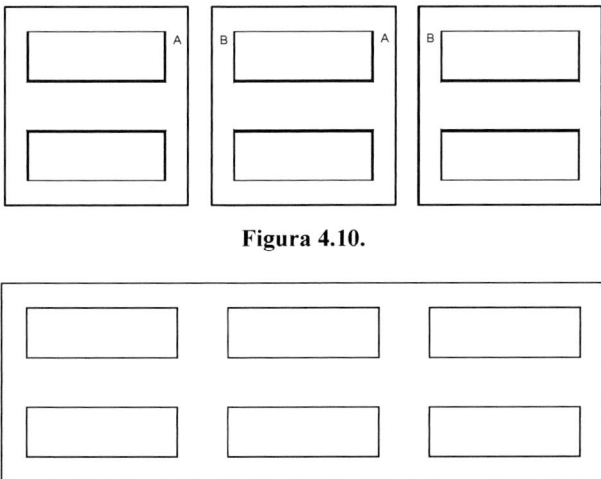

Figura 4.10.

Figura 4.11.

4.2. Generalización al transformador trifásico del estudio del transformador monofásico

Como se ha estudiado en el epígrafe anterior, un transformador trifásico resulta de la unión de tres monofásicos. Bien sea que estos estén en núcleos diferentes o compartan el mismo núcleo, por lo que el estudio realizado para los transformadores monofásicos es perfectamente generalizable a los trifásicos, realizando el estudio fase por fase. En el caso de que el transformador trabaje en régimen equilibrado, el resultado del estudio será el mismo para las tres fases. Si lo hace en régimen desequilibrado, se realizará el estudio de cada fase por separado, como si de tres transformadores monofásicos se tratara. La distribución de las intensidades de corriente en cada devanado, estando el transformador en régimen desequilibrado, se tratará en los epígrafes siguientes.

Con la finalidad de obtener el circuito equivalente y otras magnitudes como la tensión de cortocircuito, la variación de tensión, el rendimiento, la corriente de cortocircuito, etc., se recurre a los mismos ensayos que en el caso del transformador monofásico, esto es, a través de los ensayos en vacío y en cortocircuito. La obtención del circuito equivalente se puede realizar de dos formas, una es a través de las magnitudes reales por devanado del transformador, esto es, determinando las corrientes y las tensiones de cada devanado o fase real de la máquina. La otra forma es utilizando el equivalente estrella-estrella, que consiste en, independientemente de cómo estén conectados los devanados del transformador, suponer que es un estrella-estrella y obtener así el circuito equivalente. Los valores del circuito equivalente serán diferentes según se opte por uno u otro método, así como la tensión de cortocircuito en valor absoluto, en cambio el resto de magnitudes como la tensión de cortocircuito en valor relativo, la variación porcentual de la tensión, el rendimiento, el ángulo f_{cc} serán las mismas utilizando cualquiera de los dos métodos.

El análisis por fase real del transformador es imprescindible cuando se necesita conocer magnitudes internas de la máquina, como es la corriente real de cada devanado para, por ejemplo, determinar la sección de devanados, o la tensión a la que van a estar sometidos para calcular aislamientos. En cambio, el equivalente estrella-estrella se utiliza cuando se estudian sistemas eléctricos de potencia, donde el transformador es un elemento más de toda una compleja instalación con líneas eléctricas, generadores, impedancias, condensadores, etc.

En cualquier caso, para obtener las magnitudes necesarias para el estudio del transformador sea por un método u otro se recurre a los ensayos en vacío y en cortocircuito, similares a los que se trataron para el caso de los monofásicos. Las medidas que se obtendrán serán las del sistema trifásico, para la obtención de las magnitudes por fase habrá utilizar $\sqrt{3}$ en los casos necesarios: en la conexión estrella la tensión de fase es la de línea dividida por este factor, en el triángulo ocurre con la intensidad y, en cualquier caso, la potencia medida será tres veces superior a la de cada fase.

4.2.1. Ensayo en vacío

Las conexiones a realizar son las indicadas en la Figura 4.12. Si el transformador se conecta a su tensión nominal U_1, esta quedará determinada por la lectura del equipo de medida del primario, la lectura del voltímetro secundario dará el valor de U_{20}.

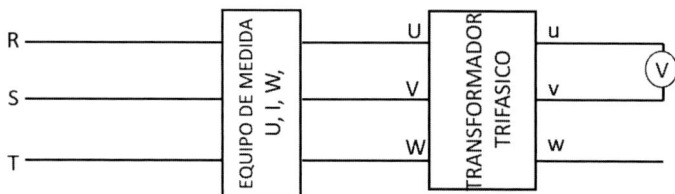

Figura 4.12.

De la lectura de ambos voltímetros quedará determinada la relación de tensiones (r_t) en bornes en vacío que, en general, no se corresponderá con la relación de transformación que, como se definió en el tema primero, es:

$$m=\frac{N_1}{N_2}$$

Dependiendo de la conexión del transformador se obtendrá la correspondencia existente entre las relaciones de tensiones y espiras.

Del equipo de medida se determinará la corriente de vacío y las pérdidas de vacío del transformador si el ensayo se realiza a tensión nominal. En el caso de realizar el ensayo a tensión diferente de la nominal, será válida la relación que se obtuvo para el caso de los transformadores monofásicos:

$$P_0 = P'_0 \left(\frac{U_{1N}}{U'_1} \right)^2$$

en la que:

P_0 son las pérdidas de vacío a tensión nominal.

P_0' es la potencia medida por los vatímetros a la tensión U_1'

U_{1N} es la tensión nominal

U_1' es la tensión de ensayo.

Mediante las pérdidas en vacío y la corriente correspondiente se pueden obtener la resistencia y la reactancia X_μ y R_{fe} del circuito equivalente, referido a una fase, bien sea fase real, para lo que se tomará la tensión del devanado, o equivalente estrella para la que se tomará la tensión de línea dividido por $\sqrt{3}$

4.2.2. Ensayo en cortocircuito

Las conexiones a realizar son las indicadas en la Figura 4.13. La fuente de alimentación debe ser de corriente alterna trifásica con tensión regulable.

Si se aplica en los bornes del primario la tensión nominal de cortocircuito, los amperímetros del lado secundario, que cortocircuitan al transformador, indicarán el valor de la corriente secundaria de plena carga I_{2N}. El ensayo en cortocircuito del transformador trifásico equivale, en definitiva, a un régimen de funcionamiento del transformador en cortocircuito tripolar, por lo tanto, cortocircuito simétrico.

El equipo de medida dispuesto en el lado primario se utiliza para medir las pérdidas en los conductores por efecto Joule y la tensión de alimentación:

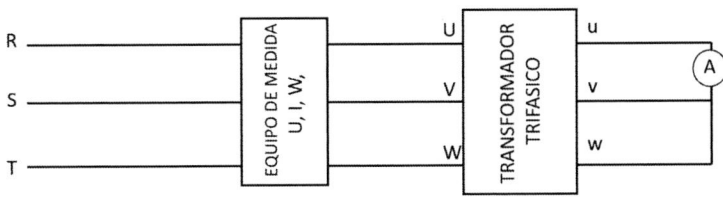

Figura 4.13.

Si el ensayo no se realizara en las condiciones de corriente secundaria nominal, al igual que en los transformadores monofásicos se podría obtener las pérdidas de cortocircuito y la tensión de cortocircuito mediante las expresiones:

$$U_{cc} = U'_{cc} \frac{I_N}{I'}$$

$$P_{cc} = P'_{cc} \left(\frac{I_N}{I'} \right)^2$$

en la que:

   U_{cc} es la tensión de cortocircuito

   U'_{cc} es la tensión de ensayo a la que se realiza el cortocircuito

   I_N es la corriente nominal

   I' es la corriente de ensayo

   P_{cc} son las pérdidas de cortocircuito

   P'_{cc} son las pérdidas medidas en el ensayo.

Con la tensión de cortocircuito y las pérdidas correspondientes se obtendrán la resistencia y reactancia de cortocircuito del transformador, bien sea de fase real o del equivalente estrella.

Mediante estos dos ensayos, como se ha indicado anteriormente, se puede obtener el circuito equivalente referido a una fase y, por tanto, la variación de tensión y el rendimiento, la corriente de cortocircuito, etc.

4.3. Conexiones de los devanados

Para obtener una transformación trifásica, los devanados de alta o baja tensión de un transformador trifásico o los de tres monofásicos se pueden conectar de las formas siguientes:

   ▪ En estrella
   ▪ En triángulo
   ▪ En zigzag

Como consecuencia de ello la relación entre las tensiones trifásicas en bornes de entrada y de salida no depende únicamente de la relación entre número de espiras de los transformadores, sino también de su forma de conexión.

A continuación, se describen las diferentes formas de conexión de los devanados, aunque previamente se harán unas puntualizaciones:

   ▪ Se considera que todos los devanados tienen el mismo sentido de arrollamiento.
   ▪ Se define el principio y final de un devanado como el terminal más próximo y más alejado, respectivamente a la tapa. Así, para la primera columna (primera fase) los extremos iniciales y finales de los devanados de alta y baja tensión, se representarán, respectivamente, por U-u y U´-u´ tal como se indica en la Figura 4.14.

- Se designarán los bornes de alta tensión con las letras U, V, W y los correspondientes a baja tensión por u, v, w.
- Así se diferenciará entre:
  - Conexión normal. Cuando los bornes del devanado primario o secundario están conectados al principio del devanado.
  - Conexión invertida. La que presenta los bornes conectados al final del devanado.

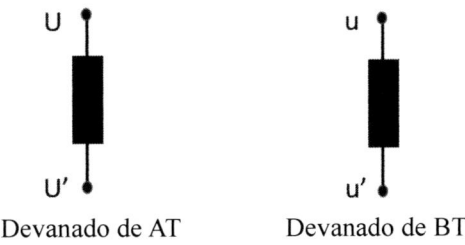

Devanado de AT   Devanado de BT

Figura 4.14.

Aplicando lo anterior, a cada una de las conexiones indicadas: estrella, triángulo, zigzag, se pueden obtener las siguientes conexiones:

4.3.1. Conexión en estrella

Los devanados de un transformador trifásico están conectados en estrella cuando se unen tres bornes iniciales o finales para formar el centro de estrella. En la Figura 4.15 se observa cómo se arrollarían los devanados en el núcleo del transformador para tener la configuración estrella-estrella normal. A la izquierda se incluye la figura que se utilizaría en un esquema eléctrico. La Figura 4.16 es análoga, pero con la conexión estrella-estrella invertida.

En ambos casos la tensión de línea es $\sqrt{3}$ veces la tensión de devanado y la corriente de línea se corresponde con la de devanado.

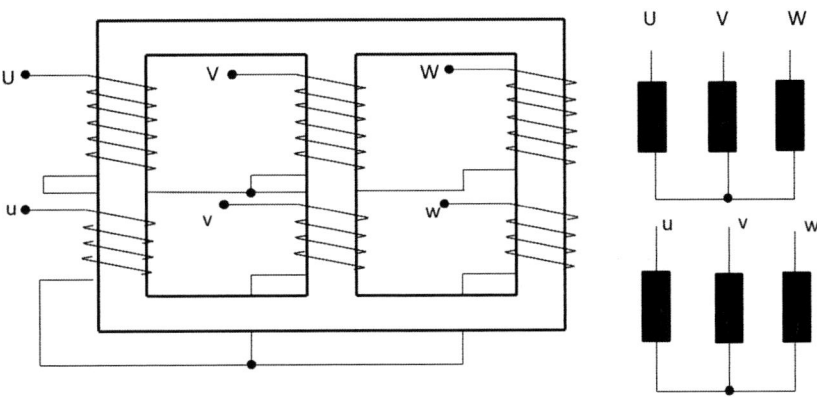

Figura 4.15.

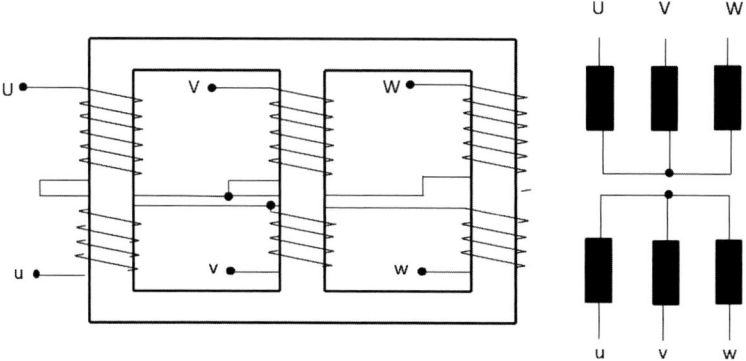

Figura 4.16.

4.3.2. Conexión en triángulo

Se dice que los devanados de un transformador están conectados en triángulo cuando se unen los bornes de principio con los bornes finales respectivamente. Es decir, cuando se unen los bornes, o terminales, de polaridad opuesta. En estas conexiones se cumple que la corriente de línea es $\sqrt{3}$ veces la de devanado y la tensión de línea se corresponde con la de devanado.

Según esta definición y las de conexión normal e invertida puede haber cuatro posibilidades, según se aprecia en la Figura 4.17. En la Figura 4.18 se esquematiza como sería una conexión triángulo-estrella.

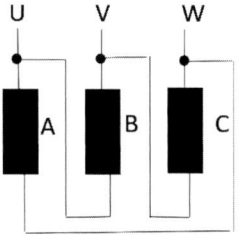

Conexión en triángulo normal Z.

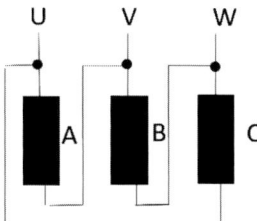

Conexión triángulo normal N.

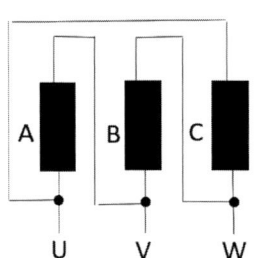

Conexión triángulo invertida.

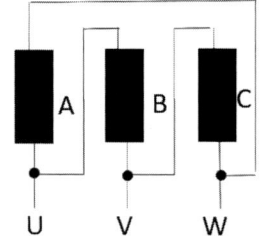

Conexión triángulo Z invertida.

Figura 4.17.

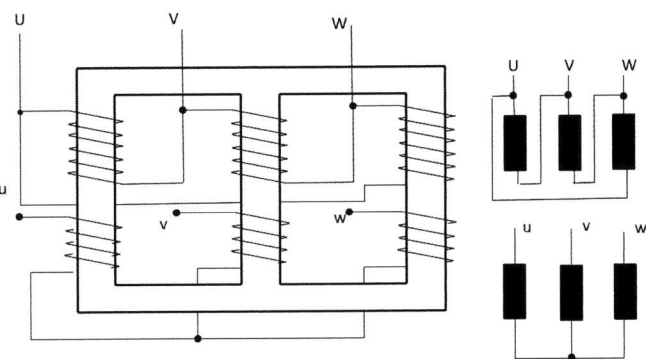

Figura 4.18.

4.3.3. Conexión en zigzag

Los devanados de un transformador están conectados en zigzag, cuando cada devanado está dividido en dos partes, de igual número de espiras. Las uniones de los devanados se realizan según se indica en la Figura 4.19, en las que se considera únicamente los devanados de baja tensión:

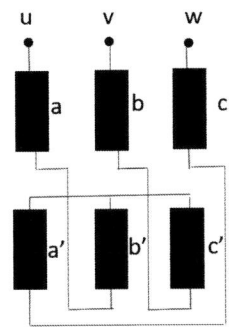

Conexión zigzag N normal.

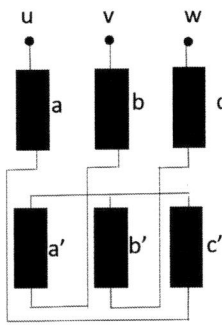

Conexión zigzag Z normal.

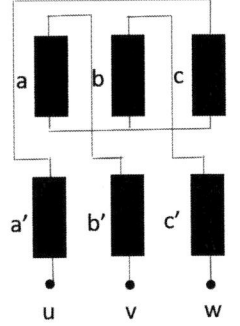

Conexión zigzag N invertida.

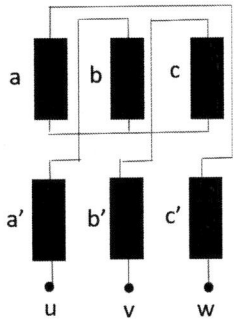

Conexión zigzag Z invertida.

Figura 4.19.

En estas conexiones se cumple que la tensión de línea es 3 veces la tensión de devanado y la corriente de línea se corresponde con la de devanado.

La diferencia entre las conexiones estrella, triángulo o zigzag tienen relación con las tensiones a las que está sometido cada devanado o con las intensidades que circulan por ellos. La tensión de un devanado en estrella es $\sqrt{3}$ menor que si estuviera en triángulo y la intensidad de corriente por el devanado de un transformador conectado en triángulo es $\sqrt{3}$ menor que si estuviera en estrella, siempre para las mismas tensiones e intensidades de línea.

En cambio, la utilización de las conexiones normales, invertidas, Z o N, tienen relación con los desfases entre las tensiones primaria y secundaria. De esta forma, según las conexiones de los transformadores, puede haber un desfase entre los fasores representativos de una tensión primaria y la homóloga secundaria de 0°, 150°, 180° y 330°. La forma de indicar este desfase es mediante el denominado "índice horario" que se puede definir como la hora que indicaría un reloj disponiendo la saeta minutero en las 12, coincidiendo con la posición que ocuparía el fasor de una tensión primaria y la saeta del horario en la posición que ocupa el fasor de la fase homóloga secundaria, así pues, el desfase de 0° corresponde con las 0 horas, el desfase de 150° se corresponde con las 5 horas, el de 180° con las 6 horas y el de 330° con las 11 horas. Este desfase, o índice horario es muy importante a la hora de acoplar transformadores.

Un transformador trifásico se designa mediante tres guarismos, una letra mayúscula, una letra minúscula y un número. La letra mayúscula indica la conexión del circuito de alta tensión, que puede ser estrella (Y) o triángulo (D), la minúscula indica la conexión de baja tensión, que también puede ser estrella (y), triángulo (d) o zigzag (z) y, por último, el número que indica el índice horario. Por ejemplo, un transformador Dy11, significa que el circuito de alta tensión está en triángulo, el de baja en estrella y el desfase de tensiones es de 330°.

A continuación, se estudian los diferentes tipos de transformador trifásico, resultado de conjugar una determinada conexión primaria y otra secundaria. Se estudiarán aquellos que tienen interés por ser conexiones normalizadas. En los primeros casos se obtendrá el índice horario como ejemplo.

Figura 4.20. Transformador trifásico en aceite con sistema de refrigeración forzada.

4.4. Conexión estrella-estrella

En este transformador se conectan tanto los devanados primarios como los secundarios en estrella. Existen dos tipos de conexiones normalizadas: estrella-estrella y estrella-estrella invertida. La diferencia entre una y otra viene determinado por el desfase de las tensiones producidas en el secundario respecto de las primarias. En la Figura 4.21 se indican las conexiones de ambas configuraciones y la dirección de las f.e.m. inducidas en los devanados siguiendo el criterio utilizado en los transformadores monofásicos, que se indican a la derecha de la figura. En la Figura 4.22 se presentan los fasores de las tensiones primarias y las f.e.m. primarias y secundarias. Los valores de las tensiones secundarias serán para el caso del transformador de la izquierda (estrella-estrella normal):

$$U_u = - E_a \; ; \;\; U_v = - E_b \; ; U_w = - E_c$$

Y para el de la derecha (estrella-estrella invertida):

$$U_{u'} = E_{a'} \; ; U_{v'} = E_{b'} \; ; U_{w'} = E_{c'}$$

Resultando los diagramas de tensiones de la Figura 4.23. Se puede comprobar que el primer transformador es un Yy0 y el segundo Yy6

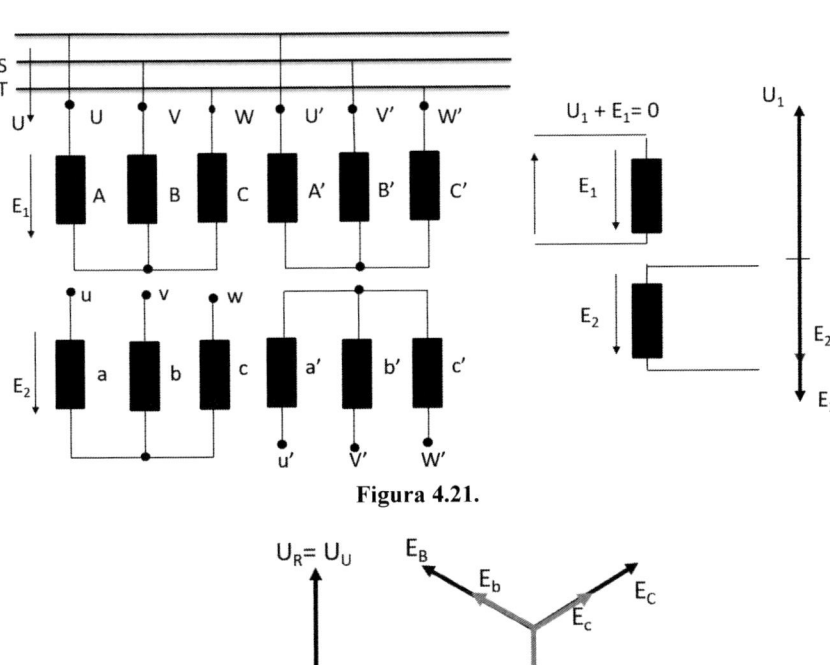

Figura 4.21.

Figura 4.22.

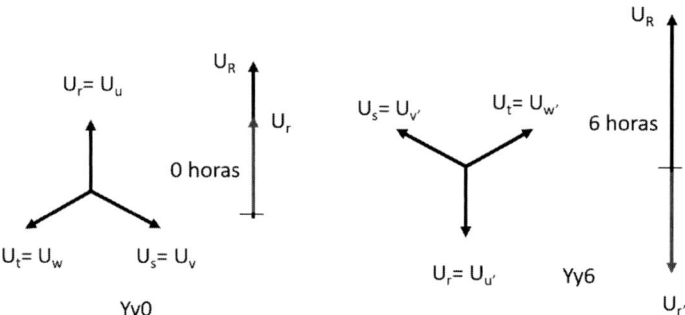

Figura 4.23.

A través del ensayo en vacío se determinará la relación de transformación que en este caso coincide con la relación de tensiones:

$$r_t = \frac{U_1}{U_{20}} = \frac{\sqrt{3} \cdot E_1}{\sqrt{3} \cdot E_2} = \frac{N_1}{N_2} = m$$

siendo:

U_1 Tensión primaria aplicada entre bornes.

U_{20} Tensión secundaria medida entre bornes en vacío.

Del ensayo en cortocircuito se determina la impedancia y la resistencia combinadas, según las expresiones:

$$\frac{U_{cc,X}}{\sqrt{3}} = Z_{ccX} I_{N,X} \qquad\qquad P_{cc} = 3 \cdot R_{ccX} \cdot I_{N,X}^2$$

Donde X puede significar indistintamente AT o BT. De estas expresiones se puede obtener la reactancia de cortocircuito.

Figura 4.24. Transformador trifásico en aceite con sistema de refrigeración por convección.

4.4.1. Estudio del funcionamiento en régimen desequilibrado

El estudio de cualquier transformador trifásico en régimen equilibrado es el mismo que el de un transformador monofásico, ya que se estudia lo que sucede en una fase, como si de un monofásico se tratara, y los resultados de esta fase se generalizan a las otras dos. Por tanto, para completar el estudio de los transformadores trifásicos se deberá realizar el estudio del desequilibrio de cargas, Para más fácil comprensión de los fenómenos físicos propios del desequilibrio se supondrá transformador ideal.

Para realizar este estudio supóngase un receptor conectado entre una fase y el neutro secundario, como se indica en la Figura 4.25.

El problema consiste en determinar las corrientes primarias I_A, I_B, I_C conocida la corriente secundaria. Para ello, se supondrá que el transformador está construido con un núcleo de tres columnas y se aplicará el teorema de Ampère a dos de los tres circuitos magnéticos posibles del citado núcleo (Figura 4.26), lo que constituirán dos ecuaciones. Para la aplicación de este teorema se obtendrá la dirección de las tensiones magnéticas según el sentido de arrollamiento y la dirección de las corrientes en ellos. La tercera ecuación es el resultado de la aplicación de la 1.ª ley de Kirchhoff al centro de estrella del circuito primario:

$$N_A \vec{I_A} - N_b \vec{I_b} - N_B \vec{I_B} = 0; \quad N_A \vec{I_A} - N_C \vec{I_C} = 0; \quad \vec{I_A} + \vec{I_B} + \vec{I_C} = 0$$

En las ecuaciones anteriores no se ha tenido en cuenta la corriente de vacío ni el producto H L, ya que se da por supuesto que uno es compensado por el otro. La solución de este sistema de ecuaciones es, llamando m = N_1 / N_2:

$$\vec{I_A} = \vec{I_C} = \frac{\vec{I_A}}{3 \cdot m}; \quad I_B = \frac{2 \cdot \vec{I_B}}{3 \cdot m}$$

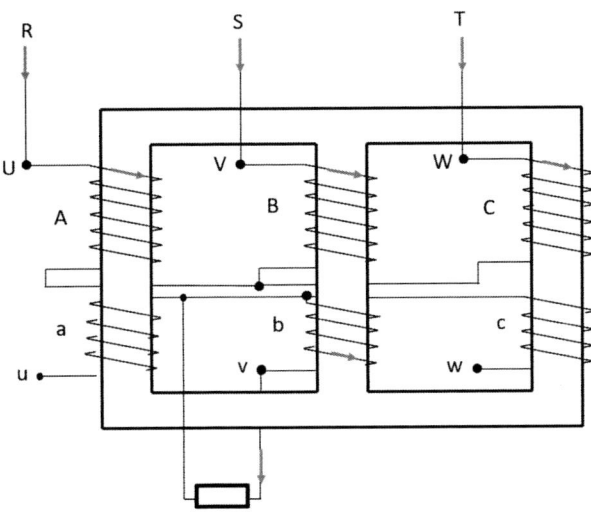

Figura 4.25.

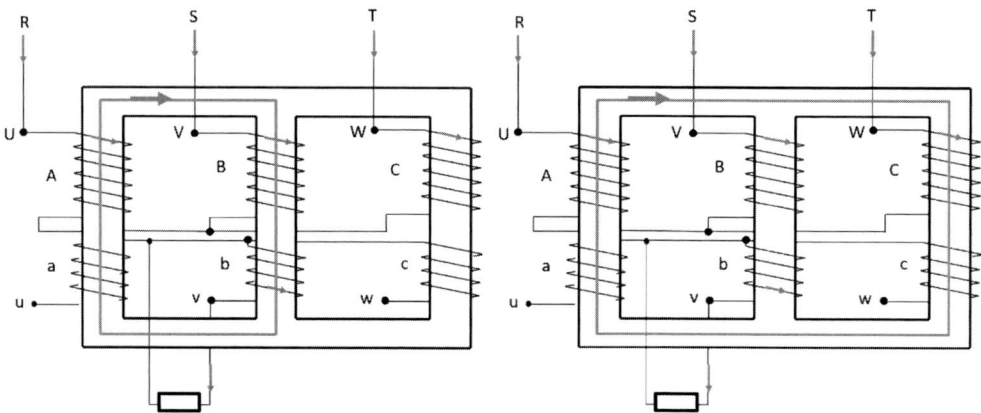

Figura 4.26.

La consecuencia inmediata de este resultado es que no quedan compensadas, en cada columna del núcleo, las fuerzas magnetomotrices producidas por la corriente secundaria y la de reacción primaria, resultando en las tres columnas un excedente de amperios vuelta de valor $N_1 \cdot I_1/3$ que pulsan al mismo tiempo, esto es, de carácter homopolar, que por no poderse cerrar por el núcleo lo harán por el aire y por la cuba del transformador. Estas tensiones magnéticas originarán los correspondientes flujos y las f.e.m. en los 6 devanados que se sumarán a las creadas por el flujo de vacío. Como las tensiones magnéticas son homopolares, también lo serán los flujos y las f.e.m., por lo que, en la f.e.m. resultante en cada devanado, suma de la producida por el flujo de vacío y por el homopolar, tendrá un valor diferente en cada devanado, produciendo, en consecuencia, un desplazamiento del neutro (Figura 4.27). Es obvio que, por ser un flujo que se cierra por el aire, su valor será muy pequeño, al igual que las f.e.m. que produce, pero el problema sí que es importante cuando se utiliza en la transformación trifásica un banco de transformadores monofásicos, ya que en este caso el campo magnético se cierra por el núcleo magnético.

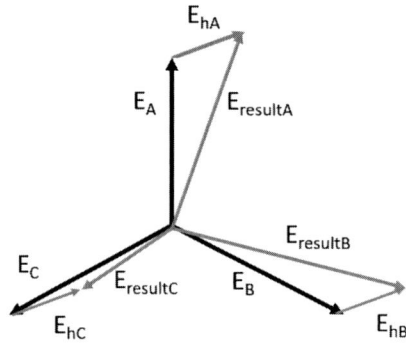

Figura 4.27.

Cualquier otra posibilidad de funcionamiento del transformador en régimen desequilibrado, esto es, conectando receptores entre fases secundarias, permaneciendo aislado el neutro o conectando receptores entre fase y neutro secundario, pero estando el neutro primario sin aislar, determina un funcionamiento sin desequilibrio magnético. Es decir, se compensan los amperios vuelta primarios y secundarios.

En consecuencia, en este transformador no deben conectarse circuitos monofásicos entre fase y neutro secundario si el del primario está aislado.

Una forma de eliminar los problemas determinados por la aparición de las tensiones magnéticas y flujos homopolares producidos por conexiones de receptores entre fase y neutro en los transformadores estrella-estrella, consiste en conectar un circuito terciario en el transformador con conexión triángulo, según se indica en la Figura 4.28.

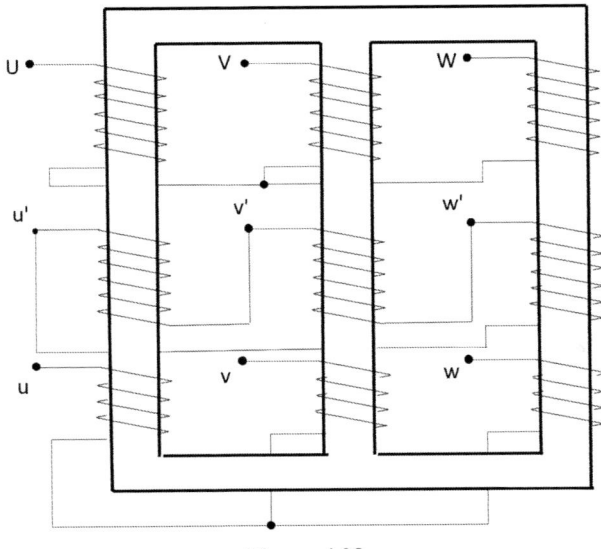

Figura 4.28.

Cuando el transformador funciona en régimen equilibrado las f.e.m.s engendradas en los tres devanados están desfasadas un tercio de periodo, por lo que su suma es nula. Cuando se producen los flujos homopolares, como las f.e.m.s producidas en los tres devanados están en fase, determinan una suma distinta de cero, lo que motiva la aparición de una corriente de circulación interna en el triángulo, que producirá sendas tensiones magnéticas en los devanados que se opondrá a la causa producida, esto es, a las tensiones magnéticas homopolares, por tanto, compensándolas.

4.5. Conexión triángulo-triángulo

Los desfases entre tensiones primarias y secundarias de este transformador se obtienen de la misma forma que en el caso anterior, resultando que, si tienen la misma conexión en alta y baja, el desfase es de 0°, si tienen la misma pero invertida será de 180°.

A través del ensayo en vacío se determinará la relación de transformación que, en este caso también coincide con la relación de tensiones:

$$r_t = \frac{U_1}{U_{20}} = \frac{E_1}{E_2} = \frac{N_1}{N_2} = m$$

siendo:

U_1 Tensión primaria aplicada entre bornes.

U_{20} Tensión secundaria medida entre bornes.

Del ensayo en cortocircuito se determina la impedancia y la resistencia combinadas, si se trabaja por fase real, las ecuaciones serían:

$$U_{cc,X} = Z_{ccX} \cdot I_{N,X} \qquad\qquad P_{cc} = 3 \cdot R_{ccX} \cdot \left(\frac{I_{N,X}}{\sqrt{3}}\right)^2$$

De estas expresiones se puede obtener la reactancia de cortocircuito.

Si se busca el equivalente estrella, las ecuaciones son las mismas que las obtenidas en el caso del transformador estrella-estrella.

4.5.1. Estudio del funcionamiento en régimen desequilibrado

La posibilidad de que este transformador trabaje en régimen desequilibrado es conectar diferentes receptores monofásicos en las fases secundarias. Para realizar el estudio, igual que en el transformador estrella-estrella, se supondrá un solo receptor monofásico conectado entre dos bornes secundarios y, para el caso de otros receptores se puede aplicar el principio de superposición. Así pues, el estudio se basará en el transformador de la Figura 4.29 con el correspondiente receptor

La corriente I suministrada al receptor se divide en I/3 que circulará por los devanados b y c más 2I/3 del devanado a, ya que la impedancia del conjunto "b-c" es el doble que la "a". Para determinar los valores de las corrientes en los devanados primarios se puede aplicar el teorema de Stokvis-Fortescue, descomponiendo el sistema trifásico desequilibrado en la suma de tres sistemas: directo, inverso y homopolar y realizando la transformación de estos sistemas. Este método también se hubiera podido aplicar al caso del transformador estrella-estrella y, obviamente, el resultado hubiera sido el mismo que el obtenido en aquel estudio.

Los valores de las corrientes que resultan en el circuito primario son las siguientes:

$$I_A = \frac{2 \cdot I}{3 \cdot m}; \qquad\qquad I_B = I_C = \frac{I}{3 \cdot m}$$

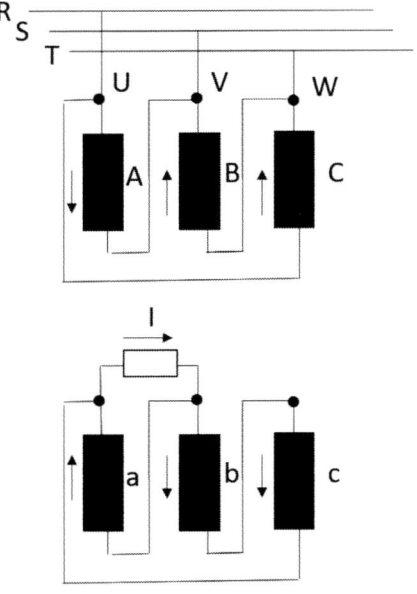

Figura 4.29.

De lo que se deduce que, en este transformador, aun cuando funciona en régimen desequilibrado, no se producen desequilibrios magnéticos, ya que los amperios vuelta primarios y secundarios quedan compensados. Las corrientes en las fases R, S, T primarias se obtiene fácilmente a través de la 1.ª ley de Kirchhoff.

4.5.2. Conexión en triángulo abierto o en V

El transformador con conexión triángulo-triángulo puede continuar suministrando energía eléctrica utilizando dos devanados en cada circuito, en lugar de los tres. Para demostrarlo véase la Figura 4.30 que corresponde al circuito de este transformador, denominado en triángulo abierto o en V, resultado de eliminar los devanados C y c del transformador triángulo-triángulo:

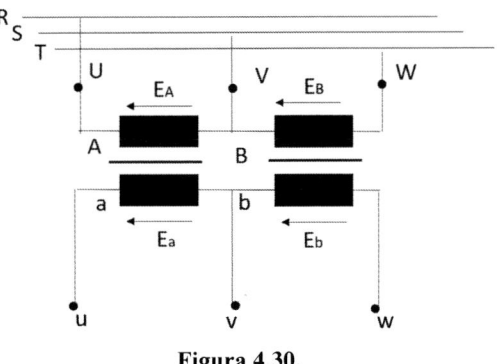

Figura 4.30.

Del circuito anterior se deduce:

$$U_{UV} = E_A; \quad U_{VW} = E_B; \quad U_{uv} = E_a; \quad U_{vw} = E_B; \quad U_{wu} = -E_a - E_b$$

Resultando los siguientes diagramas fasoriales:

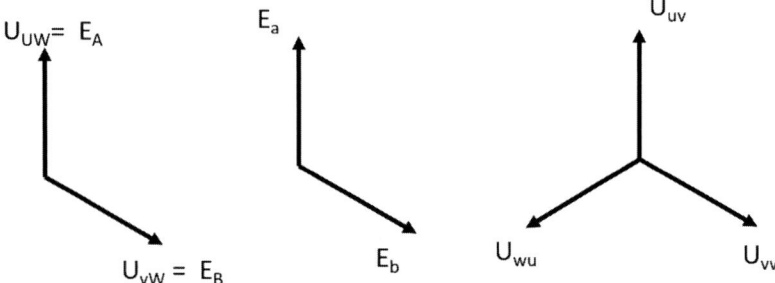

Así pues, con dos parejas de devanados se puede seguir haciendo una transformación trifásica. No obstante, hay que señalar que, con la utilización de dos devanados en lugar de tres, la potencia que se suministra queda reducida a un 58 %, efectivamente con el transformador en V la potencia que se puede suministrar es:

$$S` = \sqrt{3} \cdot U \cdot I = \sqrt{3} \cdot U_d \cdot I_d$$

mientras que, si se utilizan 3 devanados por fase, la potencia es:

$$S = \sqrt{3} \cdot U \cdot I = \sqrt{3} \cdot U_d \cdot \sqrt{3 \cdot} I_d = 3 \cdot U_d \cdot I_d$$

luego:

$$S = 0,58 \, S'$$

siendo:

U, la tensión de línea

I, la intensidad de línea

U_d, la tensión soportada por un devanado

I_d, la corriente soportada por un devanado

Así pues, hay una reducción de un 42 % de potencia y un 33 % de tamaño.

4.6. Conexión triángulo-estrella

Los desfases entre tensiones primarias y secundarias de este transformador se obtienen de la misma forma que en los casos anteriores. Dependiendo si son conexiones normales o invertidas los desfases a que dan lugar son de 150° o de 330°, es decir resultan de índice horarios 5 u 11.

A través del ensayo en vacío se determinará la relación de transformación que, si el transformador es triángulo-estrella:

$$r_t = \frac{U_1}{U_{20}} = \frac{E_1}{\sqrt{3 \cdot E_2}} = \frac{N_1}{\sqrt{3 \cdot N_2}} = \frac{m}{\sqrt{3}}$$

Si es estrella-triángulo:

$$r_t = \frac{U_1}{U_{20}} = \frac{\sqrt{3 \cdot E_1}}{E_2} = \frac{\sqrt{3 \cdot N_1}}{N_2} = \sqrt{3 \cdot m}$$

Del ensayo en cortocircuito se determina la impedancia y la resistencia combinadas, según las expresiones que ya se obtuvieron en los epígrafes anteriores.

4.6.1. Estudio del funcionamiento en régimen desequilibrado

El transformador estrella triángulo trabaja en régimen desequilibrado si se conectan receptores monofásicos diferentes entre fases secundarias. Para realizar el estudio, igual que en casos anteriores, se supondrá un solo receptor monofásico conectado entre dos bornes secundarios y, para el caso de otros receptores se puede aplicar el principio de superposición. Así pues, el estudio se basará en el transformador de la Figura 4.31 con el correspondiente receptor.

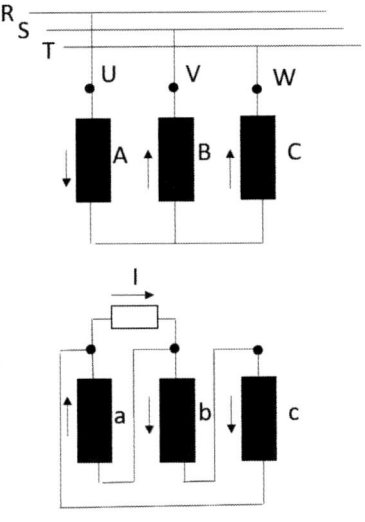

Figura 4.31.

La corriente I suministrada al receptor se divide en I/3 que suministrarán los devanados a y c más 2I/3 que suministrará el devanado b. Para determinar los valores de las corrientes en los devanados primarios se puede aplicar el teorema de Stokvis-Fortescue, o el método que se aplicó al transformador estrella-estrella, obviamente, el resultado es el mismo.

Los valores de las corrientes que resultan en el circuito primario son las siguientes:

$$I_A = \frac{2 \cdot I}{3 \cdot m}; \qquad I_B = I_C = \frac{I}{3 \cdot m}$$

De lo que se deduce que, en este transformador, aun cuando funciona en régimen desequilibrado, no se producen desequilibrios magnéticos, ya que los amperios vuelta primarios y secundarios quedan compensados.

En el caso del transformador triángulo estrella, caven dos posibilidades de conexión de circuitos monofásicos: entre fases y entre fase y neutro. En cualquiera de ambos, el problema se resuelve como en los casos precedentes, resultando que no se producen desequilibrios magnéticos en las columnas del núcleo, esto es, los amperios vuelta primarios y secundarios quedan compensados, siendo las corrientes que circulan por los devanados las indicadas en la Figura 4.32.

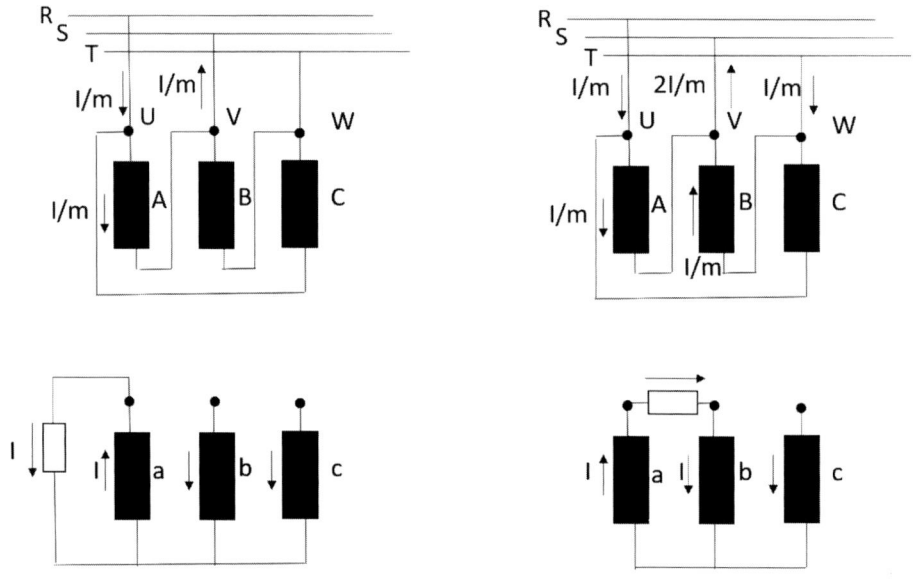

Figura 4.32.

Figura 4.33. Transformador trifásico dispuesto sobre poste.

4.7. Conexión estrella-zigzag

El esquema eléctrico de este transformador está indicado en la Figura 4.34. Se observa en el lado de baja tensión que dispone de dos devanados por columna para configurar el circuito. El circuito de alta tensión, siempre se conecta en estrella.

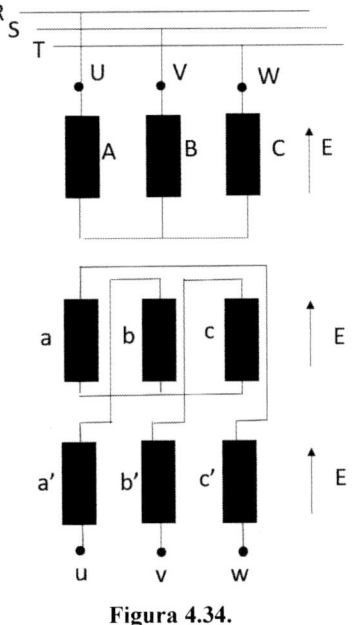

Figura 4.34.

Con el sentido de las f.e.m. indicado se obtienen las tensiones, para los circuitos primario y secundario, respectivamente:

$$U_U = U_R = E_A \; ; \quad U_V = U_S = E_B \; ; \quad U_W = U_T = E_C$$

$$U_u = U_r = E_b - E_{a'} \; ; \quad U_v = U_s = E_c - E_{b'} \quad U_w = U_t = E_a - E_{c'}$$

Los diagramas fasoriales de tensiones, considerando el transformador ideal y funcionando en vacío son los indicados a continuación.

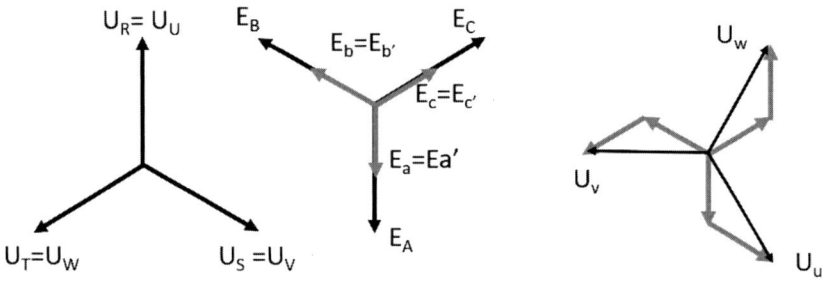

Llamando N_2 al número total de espiras de cada fase en el lado de baja tensión, la relación de tensiones es:

$$r_t = \frac{U_1}{U_{20}} = \frac{\sqrt{3 \cdot E_1}}{3 \cdot E_2} = \frac{\sqrt{3 \cdot N_1}}{3 \cdot \frac{N_2}{2}} = \frac{2}{\sqrt{3}} m$$

siendo

$$\frac{N_1}{N_2} = m$$

De las expresiones anteriores se deduce que disponiendo una conexión zigzag obliga a utilizar un 15 % más de espiras que si se dispusiera una conexión estrella o triángulo. Efectivamente, la tensión obtenida en una fase es la resta fasorial de las f.e.m. inducidas en dos devanados, como estas están desfasadas 120° resulta:

$$U_r = \sqrt{3} \cdot E_a = \sqrt{3} \cdot 4{,}44 \frac{N_2}{2} f \hat{\phi}$$

mientras que si la transformación se realizara con una conexión estrella o triángulo:

$$U'_r = 4{,}44 \cdot N'_2 \cdot f \cdot \hat{\phi}$$

De modo que, queda demostrado que, para obtener la misma tensión con la misma frecuencia y mismo flujo, resulta que se necesita un 15 % más de espiras:

$$N_2 = 1{,}15 \cdot N'_2$$

4.7.1. Estudio del funcionamiento en régimen desequilibrado

Caven dos posibilidades de conexión de circuitos monofásicos: entre fases y entre fase y neutro. En cualquiera de ambos, el problema se resuelve como en los casos precedentes resultando que no se producen desequilibrios magnéticos en las columnas del núcleo, esto es, los amperios vuelta primarios y secundarios quedan compensados como se muestra en la Figura 4.35.

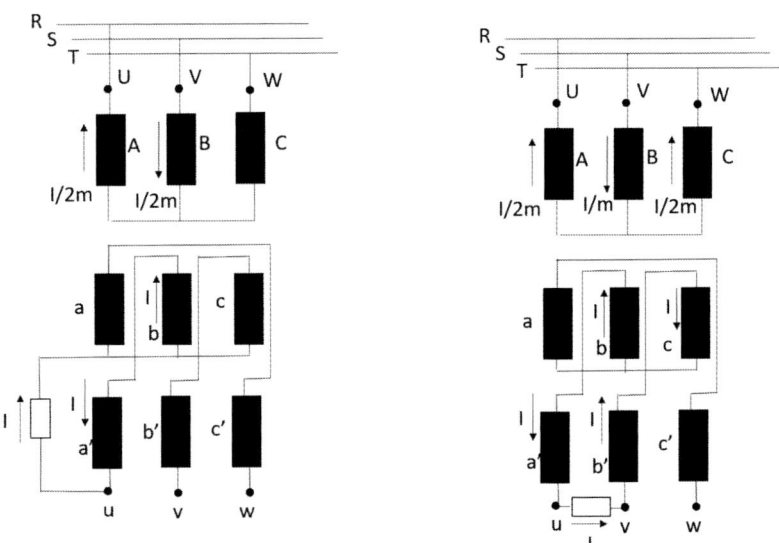

Figura 4.35.

4.8. Aplicaciones de los transformadores trifásicos según las conexiones

Para determinar las aplicaciones de las diferentes conexiones de los transformadores trifásicos hay que considerar las siguientes premisas:

- Las conexiones en estrella soportan $\sqrt{3}$ menos tensión que las conexiones en triángulo, lo que justifica que sean idóneas para las altas tensiones, ya que el coste de los aislamientos no es proporcional a las tensiones, sino que, en muy altas tensiones se encarecen de forma muy importante, no siendo, por tanto, un coste proporcional con la tensión.

- Las conexiones en triángulo soportan unas corrientes $\sqrt{3}$ menores que si estuvieran en estrella. Lo que las hace adecuadas para utilizar con intensidades de corriente muy elevadas, ya que la sección de los conductores no aumenta de forma lineal con la intensidad, si no que a mayor sección la densidad de corriente que soportan los conductores es más pequeña.

- En baja tensión es necesario utilizar conexiones en estrella, a fin de poder obtener las dos posibles tensiones, la de línea y la de fase. Esto es necesario en los centros de transformación de las empresas distribuidoras de energía o en los centros de cliente, ya que las tensiones del sistema trifásico se utilizan para potencias elevadas, como ascensores, acondicionadores de aire, bombas de extracción, etc. Mientras que las tensiones fase neutro se utilizan para consumos monofásicos de pequeña potencia como el alumbrado, usos domésticos, y otros.

- En la conexión zigzag, para conseguir la misma tensión secundaria entre bornes que con una conexión en estrella o triángulo, con la misma frecuencia y flujo, se precisa un 15 % más de espiras lo que supone un aumento en el peso del cobre, un aumento de las pérdidas en los conductores, un mayor calentamiento y un menor rendimiento. Por otro lado, como hay seis devanados, supone un tamaño mayor de los núcleos y culatas, con el consiguiente aumento de pérdidas en el hierro y disminución del rendimiento con respecto a la conexión en estrella o triángulo.

Según estas consideraciones, a la salida de las centrales eléctricas, especialmente las de potencias elevadas que suministran también tensiones elevadas (6...20 kV), la conexión idónea es la Yd, conectando el lado del triángulo a la central, por ser de potencia y corrientes elevadas, y la conexión estrella al lado de alta tensión para realizar el transporte de energía eléctrica. En la conexión de líneas a muy alta tensión (132, 220, 400 kV) se utilizan las conexiones estrella-estrella, ya que en estos casos priman las elevadas tensiones frente a las corrientes. Una vez realizado el transporte, cuando se debe disminuir la tensión para su distribución en núcleos de población se utilizan transformadores Yd, conectando la estrella a la tensión más elevada y el triángulo al lado de la distribución. Por último, en los centros de transformación, donde se reduce de las tensiones de distribución (11, 20 kV) a baja tensión (400, 230 V) se utilizan transformadores Dy, ya que, por lo indicado, en baja tensión hay que disponer de neutro, y las posibles conexiones son estrella o zigzag, pero la segunda es más costosa, por lo que se utiliza la conexión estrella. La razón de poner al lado de la tensión de distribución el triángulo es por dos motivos, por un lado, no provoca desequilibrios magnéticos con cargas desequilibradas en la estrella y, por otro lado, los armónicos de corriente de orden 3 y sus múltiplos, que se pudieran producir en el lado de baja, se compensan en el triángulo no trasmitiéndose a la red de distribución. En cuanto a la conexión estrella-zigzag se utiliza para transformadores reductores de distribución de muy poca potencia donde el neutro secundario es imprescindible, y la tensión primaria, relativamente alta con respecto a la potencia, no hace aconsejable la conexión en triángulo, ya que con intensidades tan reducidas se tendrían que poner secciones similares a las necesarias si se dispone la conexión estrella.

Problemas tema 4

Problema 4.1. Un transformador Yz5 de 20 kVA a 24 000/230 KV y 50 Hz dispone de un número de columnas con culatas en estrella de las siguientes características:

Dimensiones exteriores: 50 cm × 50 cm

Sección neta: 72 cm²

Anchura de chapa: 8 cm

Inducción máxima aproximada: 1,7 T

Permeabilidad relativa: 3200

Pérdidas específicas: 2,3 W/daN

Peso específico: 7,8 daN/dm³

Número de entrehierros: 8 de 0,1 mm

Sabiendo que la c.d.t porcentual, que es del 5 % a plena carga con factor de potencia 0,8 inductivo, se reparte por igual entre primario y secundario, se calculará:

1.   Las espiras de los devanados.

2.   Las corrientes magnetizantes y de vacío de las tres fases.

3.   Las corrientes primarias a plena carga.

Ap. 1. El número de espiras de los devanados se calculará a partir de las f.e.m. inducidas, que teniendo en cuenta que la c.d.t. se reparte por igual entre primario y secundario, el valor de dichas f.e.m. se calculará por las expresiones:

$$\frac{\varepsilon\%}{2} = \frac{U_1 - E_1}{U_1}100 = \frac{E_2 - U_2}{E_2}100$$

$$E'_2 = \frac{\dfrac{U_2}{3}}{1 - \dfrac{\varepsilon\%}{200}} = \frac{\dfrac{230}{3}}{1 - \dfrac{5}{200}} = 78.6 \text{ V}$$

que es la f.e.m. inducida en cada devanado secundario, y para los primarios:

$$E_1 = \frac{U_1}{\sqrt{3}} \cdot \left(1 - \frac{\varepsilon\%}{200}\right) = \frac{24000}{\sqrt{3}} \cdot \left(1 - \frac{5}{200}\right) = 13510V$$

luego, la relación de transformación:

$$m = \frac{13510}{78.6} = 171.82$$

Las espiras de los devanados secundarios se obtienen de la ecuación de la f.e.m. secundaria, y las de los primarios de la relación de transformación:

$$\frac{N_2}{2} = \frac{E'_2}{4.44 \cdot f \cdot \hat{B} \cdot S} = \frac{78.6}{4.44 \cdot 50 \cdot 1.7 \cdot 72.10^{-4}} = 28.91 \approx 29$$

$$N_2 = 58$$

$$N_1 = 171.82 \cdot 29 = 4982.8 \approx 4983$$

la inducción resultante en el núcleo:

$$B = \frac{78.6}{4.44 \cdot 50 \cdot 72.10^{-4} \cdot 28} = 1.76$$

Ap. 2. Las dimensiones del núcleo se deducen de los datos del enunciado:

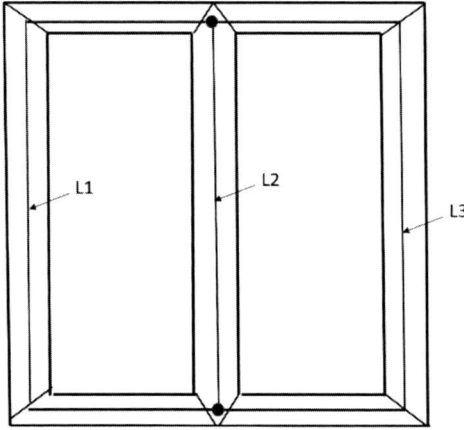

Las corrientes magnetizantes se obtienen por aplicación del teorema de Ampère a los diferentes circuitos magnéticos. Para ello, en primer lugar, se calculan las longitudes medias de las líneas de campo, posteriormente las intensidades de campo, como cociente entre la inducción y las permeabilidades y, por último, las intensidades magnetizantes:

$$L_1 = L_3 = 84cm \quad L_2 = 42cm$$

$$\overset{\wedge}{H_h} = \frac{\hat{B}}{\mu_h} = \frac{1.76}{4 \cdot \pi . 10^{-7} \cdot 3200} = 437.67 A/m$$

$$\hat{H}_\varepsilon = \frac{\hat{B}}{\mu_\varepsilon} = \frac{1.76}{4.\pi . 10^{-7}} = 1400536 A/m$$

$$I_{\mu1} = I_{\mu3} = \frac{437.67 \cdot 0.84 + 1400536 \cdot 0.1 \cdot 10^{-3} \cdot 4}{4983\sqrt{2}} = 0.1075A$$

$$I_{\mu2} = \frac{437.67 \cdot 0.42}{49830\sqrt{2}} = 0.026A$$

Las corrientes de activas de vacío se obtienen a partir de las pérdidas en el núcleo:

$$P_{Fe_2} = P_h \cdot L_2 \cdot S_2 \cdot \delta = 2.3 \cdot 4.2 \cdot 72.10^{-2} \cdot 7.8 = 54.25$$

$$P_{Fe_1} = 2.3 \cdot 7.8 \cdot \left[\frac{(5 \cdot 5 - 2 \cdot 1.3 \cdot 3.4) \cdot 0.9 - 4.2 \cdot 0.72}{2} \right] = 103.33W$$

$$I_{Fe_1} = I_{Fe_3} = \frac{103.33 \cdot \sqrt{3}}{24000} = 7.5 . 10^{-3} \qquad I_{Fe_2} = 3.92 \cdot 10^{-3}$$

Por último, las corrientes de vacío, suma fasorial de las corrientes de pérdidas y de las magnetizantes:

$$I_{0_1} = I_{0_3} = \sqrt{I_{Fe_1}{}^2 + I_\mu^2} = \sqrt{(7.5 \cdot 10^{-3})^2 + 0.1075} = 0.1060A$$

$$I_{0_2} = \sqrt{(3.92 \cdot 10^{-3})^2 + 0.026^2} = 0.043A$$

Ap. 3. Para calcular las corrientes primarias, en primer lugar, se obtienen las de reacción primarias a través de la relación de transformación y posteriormente se suman estas con las de vacío.

$$I'_2 = 52.48 \ A$$

$$I'_1 = \frac{\sqrt{3} \cdot N_2 \cdot I_2}{2 \cdot N_1} = \frac{\sqrt{3} \cdot 58 \cdot 52.48}{2 \cdot 4983} = 0.52A$$

$$I_{1(1,3)} = \vec{I}o_{1,3} + I' = \sqrt{(0.25 \cdot 0.8 + 7.5 . 10^{-3})^2 + (0.253 \cdot 0.6 + 0.107)^2} = 0.66 \ A$$

$$I_{1(2)} = \vec{I}o_1 + \vec{I}'_1 = 0.56 \ A$$

Problema 4.2. Un transformador Dy11 tiene 2000 espiras en los devanados de alta tensión, cuya tensión nominal es 20 kV, y 35 en los de baja. La tensión de cortocircuito es del 5 % y las pérdidas en los conductores cuando suministra por el lado de baja tensión su corriente nominal de 50 A es de 500 W. Determinar:

1. La corriente nominal primaria.

2. La tensión secundaria cuando el transformador funciona como reductor suministrando la corriente nominal a un receptor con factor de potencia inductivo igual a 0,85, estando el 1° conectado a su tensión nominal.

Ap. 1. La corriente nominal del primario la obtenemos a partir de la relación de transformación para un transformador Yd:

$$I_1 = \frac{N_2}{\sqrt{3}N_1}I_2 = \frac{35}{2000\sqrt{3}}50 = 0.5A$$

Ap. 2. Necesitamos calcular la caída de tensión porcentual para determinar la tensión del 2° en carga:

$$\varepsilon_c\% = C\varepsilon_{cc}\%\cos(\varphi_{CC} - \varphi_2)\varphi_{CC} = arcos\frac{R_{C1}}{Z_{C1}}$$

$$R_C = \frac{P_C}{3I_1^2} = \frac{500}{3\cdot(0.5)^2} = 667\Omega$$

$$Z_{C1} = \frac{U_{1CC}}{\sqrt{3}I_1} = \frac{20\,000\frac{5}{100}V}{\sqrt{3}\cdot 0.5A} = 1154\ \Omega;\ \varphi_{CC} = 54.7°$$

o bien:

$$\cos\varphi_{cc} = \frac{P_{cc}}{S_{cc}} = \frac{P_{cc}}{S_N\frac{\varepsilon_{cc}\%}{100}} = \frac{500}{\sqrt{3}\cdot 20000\cdot 0.5\frac{5}{100}} \Rightarrow \varphi_{cc} = 54.7°$$

$$\varepsilon_c\% = 1\cdot 5\cos(54.7 - 31.8) = 4.6\% \quad U_{20} = \frac{N_2}{\sqrt{3}N_1}U_1 = \frac{35}{\sqrt{3}2000}20000 = 202V$$

$$\varepsilon_c\% = \frac{U_{20} - U_2}{U_{20}}100\,U_2 = 192.7V$$

Problema 4.3. Un transformador Dy5 de 50 kVA se ensaya en vacío a tensión nominal de 1000V, y 50 Hz midiéndose una tensión secundaria de 100V, unas pérdidas constantes de 1kW y una corriente de vacío de 3 A. En cortocircuito a corriente nominal, la tensión aplicada es de 100V, y la potencia medida de 1,5kW. Determinar:

1. El circuito equivalente (Yy) referido al lado de alta.
2. El circuito equivalente por columna (D) referido al lado de alta.
3. La tensión que se debe aplicar al lado de alta para que el lado de baja alimente, a su tensión nominal, una carga de 25kW con factor de potencia inductivo 0,8
4. El índice de carga para rendimiento máximo y el rendimiento máximo para cos φ = 1.

Ap 1. Del ensayo de vacío obtenemos los valores de R_{Fe} y de X_m:

$$R_{Fe} = \frac{U_{1,0\text{ fase}}^2}{P_{0\text{ fase}}} = \frac{\left(\dfrac{U_{1,0\text{ línea}}}{\sqrt{3}}\right)^2}{\dfrac{P_{0\text{ trafo}}}{3}} = \frac{U_{1,0\text{ línea}}^2}{P_{0\text{ trafo}}} = \frac{(1000V)^2}{1000W} = 1000\ \Omega$$

$$S_0 = \sqrt{3} \cdot U_{1,0\text{ línea}} \cdot I_{1,0\text{ línea}} = \sqrt{3} \cdot 1000V \cdot 3A = 5.2 kVA$$

$$Q_0 = \sqrt{S_0^2 - P_0^2} = 5.1 kVAr$$

$$X_\mu = \frac{U_{1,0\text{ fase}}^2}{Q_{0\text{ fase}}} = \frac{U_{1,0\text{ línea}}^2}{Q_{0\text{ trafo}}} = \frac{(1000V)^2}{5100VAr} = 196.1\Omega$$

Del ensayo de cortocircuito los valores de R_{cc} y de X_{cc}:

$$R_{cc} = \frac{P_{cc\text{ fase}}}{I_{1,cc\text{ fase}}^2} = \frac{\frac{1}{3}P_{cc\text{ trafo}}}{I_{1,cc\text{ línea}}^2} = \frac{500W}{(28.87A)^2} = 0.6\Omega$$

$$I_{1,cc\text{ fase}} = I_{1N} = \frac{S_N}{\sqrt{3}U_{1N}} = \frac{50kVA}{\sqrt{3} \cdot 1000V} = 28.87A$$

$$S_{cc} = \sqrt{3} \cdot U_{1,cc\text{ línea}} \cdot I_{1,cc\text{ línea}} = \sqrt{3} \cdot 100V \cdot 28.87A = 5kVA$$

$$Q_{cc} = \sqrt{S_{cc}^2 - P_{cc}^2} = 4770VAr$$

$$X_{cc} = \frac{Q_{cc\text{ fase}}}{I_{1,cc\text{ fase}}^2} = \frac{\frac{1}{3}Q_{cc\text{ trafo}}}{I_{1,cc\text{ línea}}^2} = \frac{1590VAr}{(28.87A)^2} = 1.91\Omega$$

Así como la tensión de cortocircuito en valor porcentual y el ángulo de carga en cortocircuito:

$$\varepsilon_{cc}(\%) = 100\frac{U_{1,cc}}{U_{1N}} = 10\%$$

$$cos\varphi_{cc} = \frac{P_{cc}}{S_{cc}} = \frac{1.5kW}{5kVA} = 0.3 \Rightarrow \varphi_{cc} = 72.5°$$

Ap. 2

$$R_{Fe} = \frac{U_{1,0\text{ fase}}^2}{P_{0\text{ fase}}} = \frac{U_{1,0\text{ línea}}^2}{\frac{P_{0\text{ trafo}}}{3}} = \frac{(1000V)^2}{\frac{1000}{3}} = 3000\Omega$$

$$X_\mu = \frac{U_{1,0\text{ fase}}^2}{Q_{0\text{ fase}}} = \frac{U_{1,0\text{ línea}}^2}{\frac{Q_{0\text{ trafo}}}{3}} = \frac{(1000V)^2}{\frac{5100}{3}} = 588.23\Omega$$

Del ensayo de cortocircuito los valores de R_{cc} y de X_{cc}:

$$R_{cc} = \frac{P_{cc\text{ fase}}}{\left(\frac{I_{1,cc\text{ fase}}}{\sqrt{3}}\right)^2} = \frac{\frac{1}{3}P_{cc\text{ trafo}}}{\left(\frac{I_{1,cc\text{ fase}}}{\sqrt{3}}\right)^2} = \frac{500W}{\left(\frac{28.87}{\sqrt{3}}\right)^2} = 1.8\Omega$$

$$X_{cc} = \frac{Q_{cc\text{ fase}}}{\left(\frac{I_{1,cc\text{ fase}}}{\sqrt{3}}\right)^2} = \frac{\frac{4770}{3}}{\left(\frac{I_{1,cc\text{ fase}}}{\sqrt{3}}\right)^2} = \frac{1590VAr}{\left(\frac{28.87}{\sqrt{3}}\right)^2} = 5.72\Omega$$

Ap. 3. La caída de tensión la calculamos en función del índice de carga y del factor de potencia en carga, conocida la tensión de cortocircuito:

$$C = \frac{S}{S_N} = \frac{P/cos\varphi}{S_N} = \frac{25kW/0.8}{50} = 0.625$$

$$cos\varphi_2 = 0.8 \Rightarrow \varphi_2 = 36.9°$$

$$\varepsilon_c(\%) \approx C \cdot \varepsilon_{cc}(\%) \cdot cos(\varphi_{cc} - \varphi_2) = 0.625 \cdot 10 \cdot cos(72.5°-36.9°) = 5.08\%$$

La caída de tensión en voltios referida al primario es entonces:

$$U_{1,N} - U'_2 = U_{1,N}\frac{\varepsilon_c(\%)}{100} = 50.8V$$

Si deseamos que el secundario entregue su tensión nominal:

$$U_2 = U_{2,N} \qquad U'_2 = U_{1,N}$$

la tensión en bornes del primario debe ser:

$$U_1 - U'_2 = 50.8V \Rightarrow U_1 = U'_2 + 50.8V = U_{1,N} + 50.8V = 1051V$$

Ap. 4. El rendimiento lo calculamos en función del índice de carga y del factor de potencia:

$$\eta = \frac{P_u}{P_u + P_{Fe} + P_{Cu}} = \frac{C \cdot S_N \cdot cos\varphi}{C \cdot S_N \cdot cos\varphi + P_0 + C^{2}*P_{cc}} = \frac{25}{25 + 1 + \left(0.625\right)^{2}*1.5} = 94\,\%$$

El rendimiento máximo se obtiene para:

$$C = \sqrt{\frac{P_0}{P_{cc}}} = \sqrt{\frac{1}{1.5}} = 0.816$$

luego el rendimiento máximo, con factor de potencia unidad será:

$$\eta_{max} = \frac{P_u}{P_u + P_{Fe} + P_{Cu}} = \frac{C \cdot S_N \cdot cos\varphi}{C \cdot S_N \cdot cos\varphi + P_0 + C^2 \cdot P_{cc}} = \frac{0.816 \cdot 50 \cdot 1}{40.82 + 1 + 1} = 95.34\,\%$$

Problema 4.4. Un transformador trifásico tiene las siguientes características nominales:

Potencia: 100 kVA

Pérdidas de vacío: 900 W

Pérdidas debidas a la carga: 2000 W

Corriente de vacío: 3,5 %

Tensiones en vacío: 20/0,41 kV

Tensión relativa de cortocircuito: 5 %

Calcular:

El circuito equivalente por fase del transformador.

La tensión secundaria y el rendimiento cuando trabaja a plena carga con factor de potencia 0,9.

La corriente permanente de cortocircuito en ambos circuitos.

Ap. 1. Los valores de RFe y Xm se obtienen de las ecuaciones:

$$R_{Fe} = \frac{U_1/\sqrt{3}}{I_{Fe}} \qquad X_\mu = \frac{U_1/\sqrt{3}}{I_m}$$

donde:

$$I_{Fe} = \frac{P_0/3}{U/\sqrt{3}} = \frac{300}{20000/\sqrt{3}} = 0.026A$$

$$I_o = 0.035 \cdot I_N = 0.035 \cdot \frac{100}{\sqrt{3} \cdot 20} = 0.101A$$

$$I_m = \sqrt{I_0^2 - I_{Fe}^2} = \sqrt{0.101^2 - 0.026^2} = 0.098A$$

resultando:

$$R_{Fe} = \frac{20000/\sqrt{3}}{0.026} = 444k\Omega \qquad X_\mu = \frac{20000/\sqrt{3}}{0.098} = 118k\Omega$$

$$I_{1N} = \frac{S}{\sqrt{3} \cdot U_{1N}} = \frac{100 \cdot 10^3}{\sqrt{3} \cdot 20000} = 2.89A \; .$$

$$R_{C1} = \frac{P_{cc}}{3 \cdot I_{1N}^2} = \frac{2000}{3 \cdot 2.89^2} = 80\Omega$$

Para calcular la reactancia combinada, previamente se calcula la impedancia a través de la tensión de cortocircuito nominal:

$$Z_{C1} = \frac{U_{CC1}}{\sqrt{3} \cdot I_{1N}} = \frac{0.05 \cdot 20000}{\sqrt{3} \cdot 2.89} = 200\Omega \; .$$

$$X_{C1} = \sqrt{Z_{C1}^2 - R_{C1}^2} = \sqrt{200^2 - 80^2} = 183.3\Omega \; .$$

Ap. 2. La variación porcentual de tensión se obtiene de la ecuación:

$$\varepsilon\% = C \cdot \varepsilon_{CC}\% \cdot \cos(\varphi_{CC} - \varphi_2) \quad C = 1 \; por \, ser \, a \, plena \, carga \qquad \varepsilon_{CC}\% = 5\%$$

$$\varphi_{CC} = arctg \frac{X_{C1}}{R_{C1}} = arctg \frac{183.14}{80} = 66.4° \qquad \varphi_2 = arccos 0.9 = 26°$$

sustituyendo:

$$\varepsilon\% = 3.8\%$$

y la tensión secundaria:

$$U_2 = U_{20}(1 - \varepsilon\%) = 410(1 - 0.038) = 394.4V$$

El rendimiento:

$$\eta = \frac{P_u}{P_u + P_0 + P_{CC}} = \frac{100 \cdot 10^3 \cdot 0.9}{100 \cdot 10^3 \cdot 0.9 + 900 + 2000} = 0.9688$$

Ap. 3

$$I_{1cc} = I_1 \cdot \frac{100}{\varepsilon_{cc\%}} = 2.89 \cdot \frac{100}{5} = 57.8 A$$

$$I_{2cc} = I_{1cc} \cdot \frac{U_1}{U_2} = 57.8 \cdot \frac{20000}{410} = 2819 A$$

Problema 4.5. Un transformador Dy5 de 800 kVA con tensión nominal por el lado de A.T. de 20 000 V y frecuencia de 50 Hz, se debe emplear como elevador para suministrar su potencia nominal con factor de potencia de 0,9. Las tensiones y la potencia medida en un ensayo de vacío son: 420 V, 20 000 V y 2400 W. Las medidas de tensión, intensidad de corriente y potencia en un ensayo de cortocircuito son: 600 V, 10 A, 1500 W. Determinar:

1. La resistencia y reactancia combinadas reducidas al lado de B.T.
2. La tensión a la que se debe conectar el transformador para suministrar, por el lado de A.T., 20 000 V en las condiciones de carga indicadas.
3. El rendimiento para el funcionamiento indicado.

Ap. 1. La resistencia y reactancia combinadas, reducidas el lado de B.T se obtiene del ensayo en cortocircuito, teniendo en cuenta que la tensión de ensayo de 600 V es por A.T. y la corriente medida es también por este mismo circuito.

Llamando r_t a la relación de tensiones, obtenida del ensayo en vacío como cociente entre las tensiones medidas en alta y baja.

$$R_{c(B.T.)} = \frac{P_{CC}}{3 \cdot I^2_{CC(B.T.)}} = \frac{P_{CC}}{3 \cdot (I_{CC(A.T.)} \cdot r_t)^2} = \frac{1500}{3 \cdot (10 \cdot 47.62)^2} = 0.0022\,\Omega$$

$$Z_{c(B.T.)} = \frac{U_{cc(A.T.)}/r_t}{\sqrt{3} \cdot I_{cc(A.T.)} \cdot r_t} = \frac{600/47.62}{\sqrt{3} \cdot 10 \cdot 47.62} = 0.015\,\Omega$$

La reactancia en la diferencia cuadrática de la impedancia y resistencia, resultando:

$$Xc\ (B.T.) = 0{,}0148$$

Ap. 2. La variación de tensión se obtiene de la ecuación:

$$\varepsilon = \varepsilon_{cc}\% \cdot C \cdot cos(\varphi_{cc} - \varphi_2)$$

En la que la tensión de cortocircuito se determina del ensayo correspondiente, teniendo en cuenta que la corriente nominal del lado de alta es:

$$I_{(A.T.)} = \frac{S}{\sqrt{3} \cdot U_1} = \frac{800}{\sqrt{3} \cdot 20} = 23.09A$$

resultando:

$$\varepsilon_{cc}\% = \frac{23.09}{10} \frac{600}{20000} 100 = 6.93\%$$

y el ángulo:

$$\varphi_{cc} = arctang \frac{0.0148}{0.0022} = 81.5°$$

Resultando la variación de tensión: 3,91 %.

La tensión de vacío, para que el transformador suministre 400 V con la c.d.t. del 3,91 % es 416,3

Ap. 3. El rendimiento se obtiene de la ecuación:

$$\eta = \frac{S \cdot C \cdot cos\varphi}{S \cdot C \cdot cos\varphi + P_0 + C^2 * P_{cc}}$$

En la que potencia nominal es de 800 kVA, el índice de carga la unidad, el factor de potencia 0,9 y las pérdidas de vacío y de cortocircuito se obtienen de los correspondientes ensayos y las ecuaciones siguientes:

$$P_{cc} = 1500 \left(\frac{23.09}{10} \right)^2 = 8000W$$

Resultando el rendimiento de: 0,9858.

Problema 4.6. Una minicentral hidráulica está constituida por un alternador trifásico que conecta a un transformador de 100 kVA, 50 Hz y tensiones nominales 400/6600 V. La minicentral debe suministrar 80 kW + 50 kVAr. El transformador tiene una tensión de cortocircuito del 5 %, unas pérdidas de cortocircuito de 1250 W y el rendimiento máximo se produce al 30 % de plena carga. Determinar:

1. Los valores de la resistencia y reactancia de cortocircuito del transformador.
2. La tensión que debe suministrar el generador para que la tensión de salida del transformador sea de 6600 V.
3. El rendimiento en las condiciones de carga indicadas.

$$I_N = \frac{100}{\sqrt{3} \cdot 6.6} = 8.75A$$

$$Z_{c1} = \frac{0.05 \cdot 6600/\sqrt{3}}{8.75} = 21.78\Omega$$

$$R_{c1} = \frac{1250}{3 \cdot 8.75^2} = 5.44\Omega$$

$$X_{c1} = \sqrt{Z_{ca}^2 - R_{c1}^2} = \sqrt{21.87^2 - 5.44^2} = 75.5$$

$$\varphi_{cc} = 75.5$$

$$C = \frac{\sqrt{80^2 + 50^2}}{100} = 0.943$$

$$\varepsilon\% = C \cdot \varepsilon u_{cc}\% \cdot cos(\varphi_{cc} - \varphi_2) = 5 \cdot 0.943 \cdot cos(75.5 - 32) = 3.42\%$$

$$U_{20} = \frac{6600}{1 - \frac{3.42}{100}} = 6834$$

$$U_1 = 6834 \cdot \frac{400}{6600} = 414.2$$

$$P_0 = C^2_{\eta,max} \cdot P_{cc} = 0.3^2 \cdot 1250 = 112.5$$

$$= \eta = \frac{80000}{80000 + 0.943^2 \cdot 1250 + 112.5} = 0.985$$

Problema 4.7. Un transformador trifásico de 630 kVA a 20/0,4 kV con tensión de cortocircuito del 4 %, está funcionando (alimentado a su tensión nominal) a plena carga suministrando una tensión de 389,2V al receptor, que tiene un factor de potencia 0,9 inductivo. Sabiendo que las pérdidas de vacío son de 1,3 kW, se determinará:

1. La resistencia y reactancia de cortocircuito, del equivalente estrella, reducidas a nivel de A.T.

2. El rendimiento para el funcionamiento indicado y el rendimiento máximo.

$$\varepsilon_c(\%) = \frac{U_{20} - U_2}{U_{20}}100 = \frac{400 - 389.2}{400} \cdot 100 = 2,7\%$$

$$\varepsilon_c(\%) = C \cdot \varepsilon_{CC}(\%) \cdot cos(\varphi_{CC} - \varphi_2) \Rightarrow \begin{cases} \varepsilon_c(\%) = 2{,}7 \\ C = 1 \ (plena \ carga) \\ \varphi_2 = arcos(0.9) = 25.84^o \end{cases} \Bigg\} 2{,}7 = 4 \cdot 1 \cdot cos(\varphi_{cc} - 25.84)$$

$$\Rightarrow \varphi_{cc} = 73.4^o$$

$$\varepsilon_{Rcc}(\%) = \varepsilon_{cc}(\%)cos\varphi_{cc} = 1{,}4\%$$

$$P_{cc} = \frac{\varepsilon_{Rcc}(\%)}{100}S_N = \frac{1{,}4}{100}630kW = 7{,}2kW$$

$$I_{1N} = \frac{630}{\sqrt{3} \cdot 20} = 18{,}2A$$

resulta:

$$Z_{cc1} = \frac{U_{cc1}}{\sqrt{3} \cdot I_{1N}} = \frac{\frac{\varepsilon_{cc}(\%)}{100}U_{1N}}{\sqrt{3}I_{1N}} = \frac{\frac{4}{100} \cdot 20000}{\sqrt{3} \cdot 18{,}2} = 25{,}4\Omega \ .$$

$$R_{cc1} = Z_{cc1}cos\varphi_{cc} = 25{,}4 \cdot cos(73{,}4^o) = 7{,}26\Omega$$

$$X_{cc1} = Z_{cc1}sen\varphi_{cc} = 25{,}4 \cdot sen(73{,}4^o) = 24{,}34\Omega$$

Ap. 2

$$\eta = \frac{P_u}{P_u + P_0 + C^2 P_{CC}} = \frac{C \cdot S_N \cdot cos\varphi}{C \cdot S_N \cdot cos\varphi + P_0 + C^2 P_{CC}} = \frac{630 \cdot 10^3 \cdot 0{,}9}{630 \cdot 10^3 \cdot 0{,}9 + 1300 + (1)^2 7200} = 0{,}9852$$

Problema 4.8. Un transformador trifásico de 1000 kVA a 20000/420 V tiene una tensión de cortocircuito del 5 %, pérdidas en vacío de 1540 W y en cortocircuito de 10500 W. Este transformador se debe utilizar en una instalación que admite, como máximo, una corriente de cortocircuito de valor eficaz en régimen permanente por el lado de alta de 500 A. Calcular

1. El valor (por fase) de la reactancia a disponer en serie en el lado de A.T. de la máquina para limitar la corriente de cortocircuito al valor indicado de 500 A.

2. La variación porcentual de tensión y el rendimiento del transformador para régimen nominal con factor de potencia 0,85 inductivo cuando se utilice una vez modificado en la instalación indicada.

Ap. 1. La corriente permanente de cortocircuito del transformador

$$I_{cc,perm} = \frac{100}{\varepsilon_{cc}(\%)}I_N = \frac{100}{\varepsilon_{cc}(\%)}\frac{S_N}{\sqrt{3}U_N} = \frac{100}{5}\frac{1000}{\sqrt{3}20}A = 577{,}4A$$

Por ello es necesario insertar en serie en la línea del lado de alta una inductancia trifásica que aumente la εcc de forma que la corriente de cortocircuito se reduzca a 500 A:

$$\varepsilon'_{cc} = 100\frac{I_N}{I_{cc,perm}} = 100\frac{28,9}{500} = 5,77\%$$

Puesto que este aumento se consigue por medio de inductancias 'ideales' la tensión de cortocircuito resistiva del transformador no cambia:

$$\varepsilon_{Rcc} = \varepsilon'_{Rcc} = 100\frac{P_{cc}}{S_N} = 100\frac{10,5kW}{1000kVA} = 1,05\%$$

Luego:

$$\varepsilon_{Xcc} = \sqrt{\varepsilon_{cc}^2 - \varepsilon_{Rcc}^2} = \sqrt{5^2 - 1,05^2} = 4,89\% \Rightarrow X_{cc} = \frac{\frac{\varepsilon_{Xcc}}{100}S_N}{3I_N^2} = 19,52\Omega$$

$$\varepsilon'_{Xcc} = \sqrt{\varepsilon_{cc}'^2 - \varepsilon_{Rcc}'^2} = \sqrt{5,77^2 - 1,05^2} = 5,68\% \Rightarrow X'_{cc} = \frac{\frac{\varepsilon'_{Xcc}}{100}S_N}{3I_N^2} = 22,67\Omega$$

La reactancia adicional debe tener por tanto un valor de:

$$X_{ad} = X'_{cc} - X_{cc} = 3,15\Omega$$

Ap. 2. Así modificado el transformador la variación de tensión y el rendimiento en las condiciones de carga indicadas son:

$$C = 1$$

$$\varepsilon'_{cc} = 5,77\%$$

$$cos\varphi = 0,85 \Rightarrow \varphi = 31,8°$$

$$cos\varphi'_{cc} = \frac{\varepsilon_{Rcc}}{\varepsilon'_{cc}} = 0,182 \Rightarrow \varphi'_{cc} = 79,5°$$

$$\varepsilon_c(\%) = C\varepsilon'_{cc}cos(\varphi'_{cc} - \varphi) = 3,88\%$$

$$\eta \cong \frac{C \cdot S_N \cdot cos\varphi}{P_u + P_0 + C^2 P_{cc}} = \frac{1000 \times 0,85kW}{850kW + 1,54kW + 10,5kW} = 98,6\%$$

Problema 4.9. Un transformador trifásico de distribución Dy11 de 1000 kVA a 20/0,42 kV y 50 Hz con tensión de cortocircuito del 6 %, pérdidas de cortocircuito de 0,7 % y pérdidas de vacío de 2500 W. La resistencia de los devanados de alta tensión es de 5,7 Ω.

Calcular:

1. La potencia activa que se medirá en un ensayo de cortocircuito realizado a corriente nominal alimentando el transformador por baja tensión.
2. La tensión en bornes de baja cuando suministra su potencia nominal a un receptor con factor de potencia inductivo 0,85.
3. La resistencia de cada uno de los devanados de baja tensión.
4. La energía perdida en un día cuando realice el siguiente ciclo de carga: 10 horas funcionando en vacío, 2 horas a plena carga, 6 horas al 50 % de plena carga, y 6 horas al 30 % de plena carga.

Ap. 1

$$P_{cc} = \frac{\varepsilon_{Rcc}\%}{100} S_N = \frac{0,7}{100} 1000 kVA = 7000 W$$

Ap. 2

$$\varepsilon\%(\%) = C \cdot \varepsilon_{cc}\% \cos(\varphi_{cc} - \varphi_2)$$

$$\varepsilon_{cc}(\%) = 6\%$$

$$\varphi_{cc} = ac\cos\frac{P_{cc}\%}{\varepsilon_{cc}\%} = ac\cos\frac{0.70}{6} = 83.3$$

$$\varepsilon_c\% = 1 \cdot 6\%\cos(83.3 - 31.8) = 3.74\%$$

$$U_2 = U_{20} \cdot \left(1 - \frac{\varepsilon_c\%}{100}\right) = 404$$

Ap. 3. Al estar el primario en Δ, la resistencia medida entre bornes es 2/3 de la de una fase. Teniendo en cuenta las pérdidas de cortocircuito y las corrientes nominales por devanado se tiene:

$$I_{1,N,col} = \frac{S_N}{3U_{1,N,col}} = \frac{1000}{3 \cdot 20} = 16.67A; \qquad I_{2,N,col} = \frac{S_N}{3U_{2,N,col}} = \frac{1000}{3\frac{0.42}{\sqrt{3}}} = 1375A$$

$$R_{2,col} = \frac{\left(P_{cc} - 3R_{1,col}I_{1,N,col}^2\right)/3}{I_{2,N,col}^2} = \frac{\left(7000 - 3 \cdot 5.7 \cdot 16.67^2\right)/3}{1375^2} = 0,396m\Omega$$

Ap. 4. Energía correspondiente a las pérdidas de vacío:

$$E_{po} = 2.5 \text{ kW} \cdot 24 \text{ h} = 60 \text{ kWh}$$

Energía correspondiente a las pérdidas de ctto:

$$E_{pcc} = 7 \text{ kW } (2h \cdot 1^2 + 6h \cdot 0.5^2 + 6h \cdot 0.3^2) = 28.28 \text{kWh}$$

Total: 88,28 kWh

Problema 4.10. Calcular los valores de las resistencias y reactancias del circuito equivalente estrella reducido a baja tensión de un transformador Dy11 de 400 kVA con tensiones nominales de 20/0,42 kV, tensión de cortocircuito del 4 %, pérdidas de cortocircuito del 1,5 %, intensidad de vacío del 1,7 % de la nominal y pérdidas de vacío del 1 %.

$$I_N = \frac{S_n}{\sqrt{3} \cdot U} = \frac{400}{\sqrt{3} \cdot 0.42} = 550 \text{ A}$$

$$P_{cc} = \frac{P_{cc}\%}{100} S_n = \frac{1.5}{100} 400000 = 6000 \text{ W}$$

$$R_{cc} = \frac{P_{cc}}{3 \cdot I_N^2} = \frac{6000}{3 \cdot 550^2} = 6.62 \text{ m}\Omega$$

$$S_{cc} = \frac{\varepsilon_{cc}\%}{100} S_n = \frac{4}{100} 400000 = 16000 \text{ VA}$$

$$Q_{cc} = \sqrt{S_{cc}^2 - P_{cc}^2} = \sqrt{16000^2 - 6000^2} = 14832 \text{ VA} r$$

$$X_{cc} = \frac{Q_{cc}}{3 \cdot I_N^2} = \frac{14832}{3 \cdot 550^2} = 16.35 \text{ m}\Omega$$

$$P_o = \frac{P_0\%}{100} S_n = \frac{1}{100} 400000 = 4000 \text{ W}$$

$$R_{fe} = \frac{U^2}{P_o} = \frac{420^2}{4000} = 44 \ \Omega$$

$$S_o = \frac{S_0\%}{100} S_n = \frac{1.7}{100} 400000 = 6800 \text{ VA}$$

$$Q_o = \sqrt{S_0^2 - P_0^2} = \sqrt{6800^2 - 4000^2} = 5499 \text{ VA} r$$

$$X_\mu = \frac{U^2}{Q_o} = \frac{420^2}{5499} = 32 \ \Omega$$

Problema 4.11. Calcular la variación de tensión para el funcionamiento al 80 % de plena carga con factor de potencia 0,9 y la corriente de cortocircuito por alta tensión de un transformador trifásico Dy11 de 400 kVA con tensiones nominales de 20/0,42 kV y resistencia y reactancia de cortocircuito, del equivalente estrella, reducida a alta tensión de 20 Ω y 50 Ω.

$$Z_{cc,AT} = \sqrt{R_{cc,AT}^2 + X_{cc,AT}^2} = \sqrt{20^2 + 50^2} = 53.9 \ \Omega$$

$$I_{N,AT} = \frac{S_n}{\sqrt{3} \cdot U_{N,AT}} = \frac{400}{\sqrt{3} \cdot 20} = 11.5 \ A$$

$$\varepsilon_{cc}\% = \frac{U_{cc}}{U_N}100 = \frac{Z_{cc,AT} \cdot I_{N,AT}}{U_{N,AT}/\sqrt{3}}100 = \frac{53.9 \cdot 11.5}{20000/\sqrt{3}}100 = 5,4\%$$

$$\varphi_{cc} = arccos\frac{R_{cc}}{Z_{cc}} = \arccos\frac{20}{53.9} = 68.2°$$

$$\varepsilon_c\% = C \cdot \varepsilon_{cc}\% \cdot cos(\varphi_{cc} - \varphi_2) = 0.8 \cdot 5,4 \cdot \cos(68.2 - 25,8) = 3.18 \ \%$$

$$I_{cc,AT} = I_{N,AT}\frac{100}{\varepsilon_{cc}\%} = 11.5\frac{100}{5.4} = 213 \ A$$

Problema 4.12. Un transformador Dy11 de 800 kVA con tensiones nominales de 20/0,42 kV se ensaya en vacío a tensión nominal por el lado de BT midiéndose una corriente de 15 A con factor de potencia 0,42 y en cortocircuito se obtienen los siguientes resultados: U = 600 V; Icc = 15 A; Pcc = 5500 W

Calcular:

1. Los valores de las resistencias y reactancias del circuito equivalente reducido a baja tensión.

2. Los valores de la resistencia y reactancia de cortocircuito, por fase y columna (triángulo) del circuito equivalente reducido a alta tensión.

3. La variación de tensión y el rendimiento para el funcionamiento al 70 % de plena carga con factor de potencia 0,9.

Ap. 1

$$P_0 = \sqrt{3} \cdot U \cdot I_0 \cdot cos\varphi_0 = \sqrt{3} \cdot 420 \cdot 15 \cdot 0.42 = 4583 \ W$$

$$R_{fe} = \frac{U^2}{P_0} = \frac{420^2}{4583} = 38.5\Omega$$

$$S_0 = \sqrt{3} \cdot U \cdot I_0 = \sqrt{3} \cdot 420 \cdot 15 = 10912 \ VA$$

$$Q_0 = \sqrt{S_0{}^2 - P_0{}^2} = \sqrt{10912^2 - 4583^2} = 9902 \; VAr$$

$$X_\mu = \frac{U^2}{Q_0} = \frac{420^2}{9902} = 17.8\Omega$$

$$I_{cc(BT)} = I_{cc(AT)} \cdot r_t = 15 \cdot \frac{20000}{420} = 714.3A$$

$$R_{ccBT} = \frac{P_{cc}}{3 \cdot I_{cc}^2} = \frac{5500}{3 \cdot 714.3^2} = 3.6 \; m\Omega$$

$$S_{cc} = \sqrt{3} \cdot U \cdot I_{cc} = \sqrt{3} \cdot 600 \cdot 15 = 15588 \; VA$$

$$Q_{cc} = \sqrt{S_{cc}{}^2 - P_{cc}{}^2} = \sqrt{15588^2 - 5500^2} = 14586 \; VAr$$

$$X_{ccBT} = \frac{Q_{cc}}{3 \cdot I_{cc}^2} = \frac{14586}{3 \cdot 714^2} = 9.54 \; m\Omega$$

Ap. 2

$$R_{ccAT} = \frac{P_{cc}}{3 \cdot \left(\dfrac{I_{cc}}{\sqrt{3}}\right)^2} = \frac{5500}{15^2} = 24.44 \; \Omega \qquad X_{ccAT} = \frac{Q_{cc}}{3 \cdot \left(\dfrac{I_{cc}}{\sqrt{3}}\right)^2} = \frac{14586}{15^2} = 64.83 \; \Omega$$

Ap. 3

$$I_{NAT} = \frac{S_N}{\sqrt{3} \cdot U} = \frac{800}{\sqrt{3} \cdot 20} = 23.09A$$

$$\varepsilon_{cc}\% = \frac{U_{cc}}{U_N}100 = \frac{U'_{cc}\dfrac{I_N}{I_{ensay}}}{U_N}100 = \frac{600\dfrac{23.09}{15}}{20000}100 = 4.62\%$$

$$\varphi_{cc} = actan\frac{X_{cc}}{R_{cc}} = actan\frac{9.54}{3.6} = 69.3°$$

$$\varepsilon_c\% = C \cdot \varepsilon_{cc}\% \cdot \cos(\varphi_{cc} - \varphi_2) = 0.7 \cdot 4.62\% \cdot \cos(69.3 - 25.8) = 2.34\%$$

$$P_{ccN} = P_{cc} \cdot \left(\frac{I_N}{I_{cc}}\right)^2 = 5500 \cdot \left(\frac{23.09}{15}\right)^2 = 13032 \; W$$

$$\eta = \frac{S \cdot C \cdot cos\varphi}{S \cdot C \cdot cos\varphi + P_0 + C^2 \cdot P_{cc}} = \frac{800 \cdot 0.7 \cdot 0.9}{800 \cdot 0.7 \cdot 0.9 + 4.58 + 0.7^2 \cdot 13.03} = 0.9787$$

Problema 4.13. Un transformador ideal Yy 6 con devanado terciario tiene una relación de tensiones de 220/73,3/6 kV. Determínese las intensidades que circularán por cada devanado primario, con sus respectivos desfases, y por el terciario cuando se conecta entre dos fases y neutro del circuito secundario sendos receptores monofásicos que consumen 15 y 20 A respectivamente, con factores de potencia inductivos iguales a 0,8 y 0,9.

Solución:

Para la determinación de las intensidades primarias se aplicará el teorema de Ampère a dos circuitos magnéticos del transformador y la primera ley de Kirchhoff al centro de estrella del circuito primario. Según el esquema del transformador, la aplicación del teorema de Ampère da como resultado las siguientes ecuaciones:

$$\overrightarrow{N_1 I_R} + \overrightarrow{N_2 I_1} - \overrightarrow{N_2 I_2} - \overrightarrow{N_1 I_S} = 0$$

$$\overrightarrow{N_1 I_R} + \overrightarrow{N_2 I_1} - \overrightarrow{N_1 I_T} = 0$$

La primera ecuación se deriva de la aplicación de dicho teorema al circuito magnético formado por la primera y segunda columna, la segunda al aplicarlo a la primera y tercera columna. No se ha tenido en cuenta los amperios-vuelta creados por el circuito terciario ya que la intensidad que circula por sus devanados es la misma, con lo que las tensiones magnéticas se anulan en un circuito cerrado. Por último, por aplicación de la primera ley de Kirchhoff al centro de estrella del primario se obtiene:

$$\overrightarrow{I_R} + \overrightarrow{I_S} + \overrightarrow{I_T} = 0$$

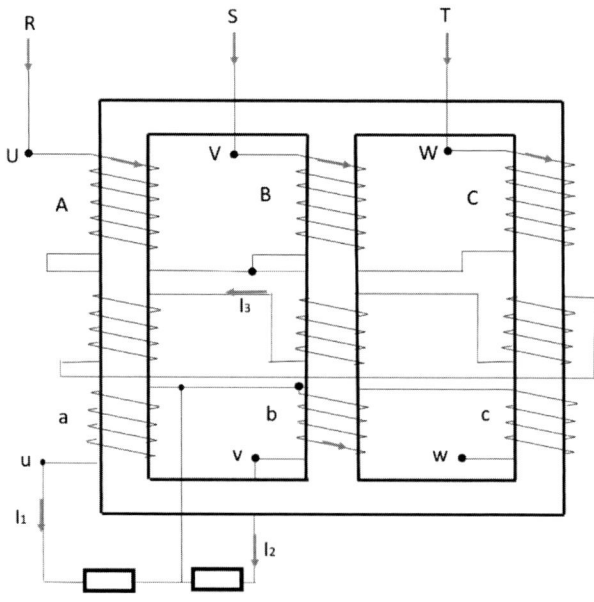

La resolución de este sistema con tres ecuaciones fasoriales, da como resultado, teniendo en cuenta que:

$$\frac{N_1}{N_2} = \frac{220}{73.3} = 3$$

las siguientes expresiones:

$$\vec{I_R} = \frac{\vec{I_2} - 2\vec{I_1}}{9} \qquad \vec{I_S} = \frac{\vec{I_1} - 2\vec{I_2}}{9} \qquad \vec{I_T} = \frac{\vec{I_1} + 2\vec{I_2}}{9}$$

Teniendo en cuenta que es un transformador Yy6, tomando como origen de fases la tensión U_R, los valores fasoriales de las intensidades del secundario serán:

$$U_R = 12701 7_0 \qquad I_1 = 15_{-143°} \qquad I_2 = 20_{-34°}$$

cuyo resultado es:

$$\vec{I_R} = 4.56 \qquad \varphi_R = 10°$$

$$\vec{I_S} = 5.22 \qquad \varphi_S = 43°$$

$$\vec{I_T} = 2.30 \qquad \varphi_T = 43°$$

Para la determinación de la intensidad por el devanado terciario se tendrá en cuenta que su efecto es la compensación de los amperios-vuelta excedentes de cada columna, es decir, los homopolares. Por lo tanto, esta intensidad deberá de cumplir las siguientes relaciones:

$$\vec{N_1 I_R} + \vec{N_3 I_3} + \vec{N_2 I_1} = 0$$

$$\vec{N_1 I_S} + \vec{N_3 I_3} + \vec{N_2 I_2} = 0$$

$$\vec{N_1 I_T} + \vec{N_3 I_3} = 0$$

$$\left(\frac{N_1}{N_3} = \frac{220}{\sqrt{3} \cdot 6} = 21.17 \right)$$

La resolución de cualquiera de las tres ecuaciones precedentes da como resultado:

$$I_3 = 48.69A \ .$$

con un desfase de 77° en adelante respecto de U_r

Problema 4.14. Un transformador Yd5 de tensiones y frecuencia nominales iguales 6600/127 V y 50 Hz suministra energía a un circuito receptor monofásico de 0,4707 Ω de resistencia. Sabiendo que la corriente de vacío es de 0,5 A, y despreciando las pérdidas, se obtendrá el diagrama fasorial de tensiones e intensidades para este funcionamiento y los valores de las corrientes en los bornes primarios.

El circuito eléctrico correspondiente al funcionamiento del transformador es:

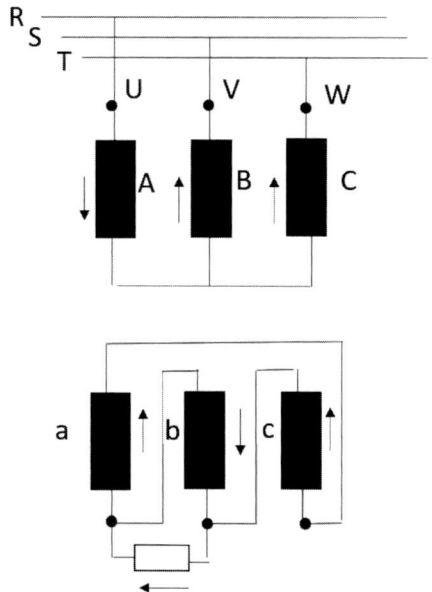

Las corrientes secundarias:

$$I = \frac{U_{uv}}{R} = \frac{127}{0.4704} = 270A \qquad I_a = I_c = \frac{1}{3}I = 90A \qquad I_b = \frac{2}{3}I = 180A$$

$$m = \frac{U_1}{U_{20}\sqrt{3}} = \frac{6600}{127\sqrt{3}} = 30$$

Las corrientes de reacción primarias:

$$I'_A = \frac{I_a}{m} = I'_C = \frac{90}{30} = 3A \qquad\qquad I'_B = \frac{180}{30} = 6A$$

El diagrama fasorial de tensiones y de corrientes:

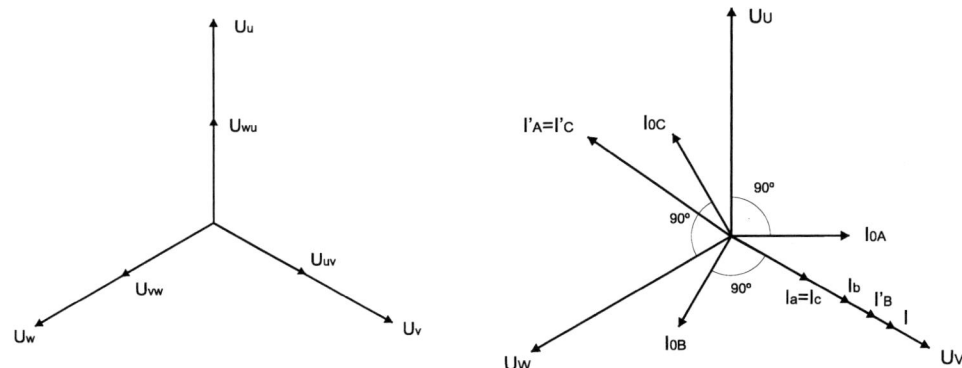

Por lo que las corrientes primarias:

$$\vec{I_U} = \vec{I}_{A}{}' + \vec{I}_{OA} = \sqrt{(I_A \cdot cos30^o - I_{OA})^2 + (I_A \cdot sen\,30^o)^2} =$$

$$= \sqrt{(3 \cdot cos30^o - 0.5)^2 + (3 \cdot sen\,30^o)^2} = 2.58A$$

$$\vec{I}_V = \vec{I}_{B}{}' + \vec{I}_{OB} = \sqrt{6^2 + 0.5^2} = 6.02A$$

$$\vec{I}_W = \vec{I}{}'_c + \vec{I}_{OC} = \sqrt{(I_c \cdot cos30^o + I_{0c} \cdot cos60^o)^2 + (I_c sen\,30^o + I_{0c} sen\,60^o)^2}$$

$$= \sqrt{(3 \cdot cos30 + 0.5 \cdot cos60)^2 + (3 \cdot sen\,30^o + 0.5 \cdot sen\,60^o)^2} = 3.44A$$

5

Acoplamiento de transformadores

5.1. Introducción

La unión o acoplamiento de transformadores de potencia es una práctica muy habitual y se utiliza en dos situaciones. Por un lado, cuando la potencia requerida por una instalación supera la potencia unitaria de los transformadores disponibles, o bien, en la ampliación de instalaciones para dar continuidad de servicio (Figura 5.1), donde es más práctico acoplar transformadores que no instalarlos y separar circuitos. La segunda posibilidad es en las redes eléctricas de potencia, ya que al estar estas redes de transporte y distribución malladas y alimentadas desde diferentes puntos mediante generadores y sus correspondientes transformadores, resulta que todas estas máquinas están acopladas, aunque sea a través de líneas eléctricas de muy elevada longitud (Figura 5.2). Este segundo caso no se estudiará en el presente tema.

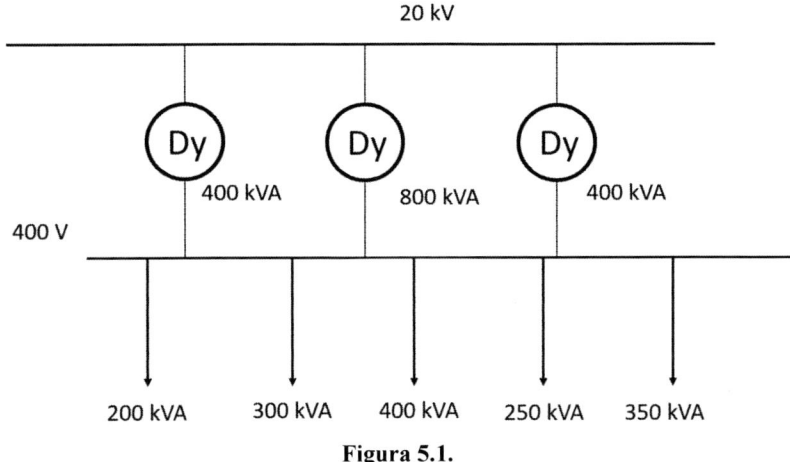

Figura 5.1.

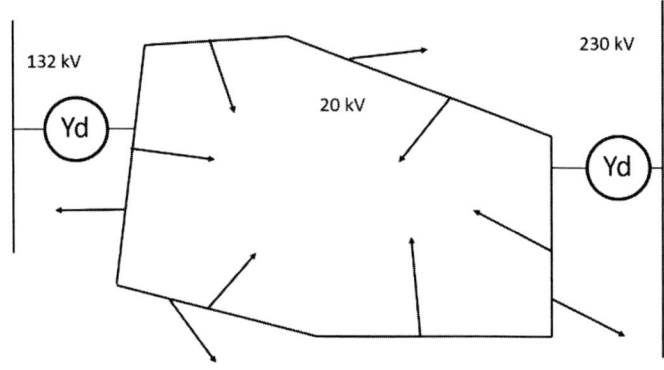

Figura 5.2.

La forma usual de conectar transformadores, a fin de no alterar la tensión, es en paralelo, tal como se indica en la Figura 5.3, para el caso de los transformadores monofásicos. Se han representado dos transformadores, de la misma forma se podrían haber dispuesto "n" transformadores, todos ellos en paralelo.

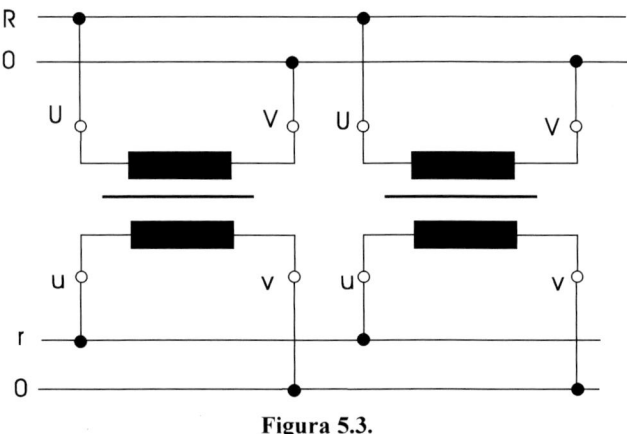

Figura 5.3.

5.2. Acoplamiento en paralelo de transformadores monofásicos: condiciones necesarias

Las condiciones que deben cumplir los transformadores monofásicos para poderse acoplar en paralelo son las siguientes:

- Evitar corrientes de circulación interna que limiten la potencia o la corriente que puedan suministrar en el acoplamiento.

- Que los transformadores acoplados tengan un reparto equilibrado de cargas, esto es, que las potencias que suministren sean proporcionales a las potencias nominales o, dicho de otro modo, que los trasformadores acoplados trabajen todos ellos con el mismo índice de carga.

- Que las fuerzas electromotrices inducidas secundarias estén en fase con respecto al sistema receptor. Esta última se conseguirá uniendo adecuadamente los bornes secundarios de los trasformadores a acoplar.

5.2.1. Análisis de las condiciones enunciadas

En la Figura 5.4 se ilustra el circuito de acoplamiento de dos transformadores monofásicos. La corriente de circulación interna I_c solo será nula si las f.e.m. inducidas en los secundarios E_{2T1} y E_{2T2} tienen el mismo valor y están en oposición. Para que tengan el mismo valor se ha de cumplir que las relaciones de transformación de las máquinas a acoplar sean iguales. Las f.e.m. deberán estar en oposición para cumplir la tercera condición.

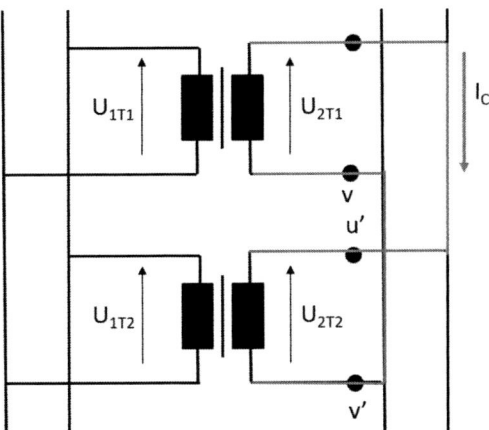

Figura 5.4.

Si no se cumpliera la igualdad de relaciones de transformación, se produciría una corriente de circulación interna entre las máquinas, por lo que el acoplamiento sería posible siempre que esta corriente no fuera de valor muy elevado que llegara a saturar las máquinas o a provocar problemas de calentamiento por sobreintensidades. En cualquier caso, el acoplamiento de esta forma limita la potencia que podrían suministrar en conjunto. El valor de esta corriente se obtiene por aplicación de la 2.ª ley de Kirchhoff al circuito secundario:

$$\vec{I_c} = \frac{\vec{U_{20T1}} - \vec{U_{20T2}}}{\vec{Z_{cc2T1}} + \vec{Z_{cc2T2}}}$$

siendo:

U_{20T1}, la tensión en vacío del transformador 1,

U_{20T2}, la tensión en vacío del transformador 2,

Z_{cc2T1}, la impedancia de cortocircuito reducida al secundario de la 1ª máquina, y

Z_{cc2T2}, la impedancia combinada reducida al secundario de la 2ª máquina.

Si esta corriente es superior a la nominal de cualquiera de las dos máquinas, obviamente el acoplamiento sería imposible.

Otra condición que se exigirá en un acoplamiento en paralelo de transformadores es que se produzca una distribución equilibrada de cargas entre los transformadores conectados en paralelo. Esto es, que, si los transformadores acoplados tienen idénticas las potencias nominales, suministran al receptor idéntica potencia uno y otro, y si tienen diferentes potencias nominales, suministran en el acoplamiento unas potencias proporcionales a las nominales de uno y otro. De modo que todos los transformadores acoplados trabajen con el mismo índice de carga.

Para analizar el cumplimiento de esta condición se partirá del circuito equivalente de los transformadores acoplados (Figura 5.5). En ella se observa que, si tienen la misma relación de transformación, como las tensiones primarias y secundarias son las mismas por estar conectados a las mismas líneas:

$$U_{1T1} = U_{1T2}; \quad U_{2T1} = U_{2T2}; \quad m_1 = m_2 \rightarrow U'_{1T1} = U'_{1T2}$$

Resultando:

$$I_{1T1}(R_{cc1T1} + j\,X_{cc1T1}) = I_{1T2}(R_{cc1T2} + j\,X_{cc1T2})$$

O bien:

$$I_{1T1}(Z_{cc1T1}) = I_{1T2}(Z_{cc1T2})$$

Que se puede expresar como:

$$I_{1T1}\frac{U_{cc1T1}}{I_{N1T1}}\frac{100}{U_{1NT1}} = I_{1T2}\frac{U_{cc1T2}}{I_{N1T2}}\frac{100}{U_{1NT2}}$$

Esto es:

$$C_{T1} \cdot \varepsilon\%_{ccT1} = C_{T2} \cdot \varepsilon\%_{ccT2}$$

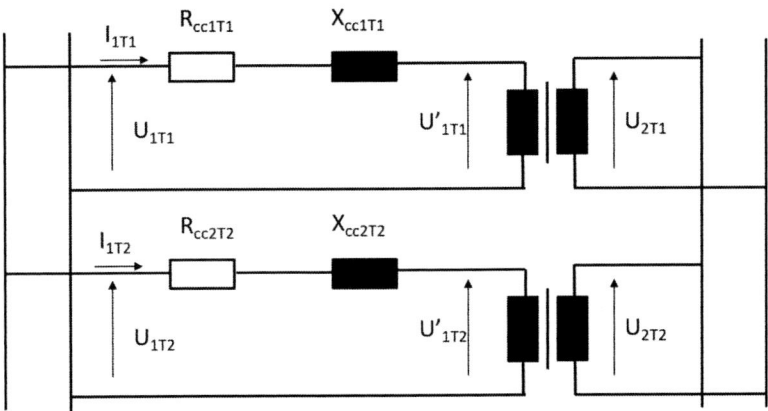

Figura 5.5.

En definitiva, para que se produzca un reparto equilibrado de cargas se debe cumplir que las tensiones de cortocircuito de los transformadores a acoplar sean iguales. El estudio se ha realizado para dos transformadores, pero se puede generalizar al número de transformadores que se quiera.

En el caso de que no se cumpliera esta condición los transformadores se podrían acoplar, pero no se conseguiría el aprovechamiento óptimo del acoplamiento. Para conseguir el reparto equilibrado de cargas entre los transformadores acoplados, en caso de no cumplirse la esta condición, se pueden disponer impedancias adicionales, conectadas en serie con el transformador que tenga menor tensión de cortocircuito. Supongamos que no se cumple la igualdad de tensiones de cortocircuito, por ejemplo:

$$\varepsilon\%_{ccT1} < \varepsilon\%_{ccT2}$$

De modo que:

$$I_{1NT1}\left(Z_{cc1T1}\right) < I_{1NT2}\left(Z_{cc1T2}\right)$$

Para alcanzar la igualdad, con el fin de tener de esa forma un adecuado reparto de cargas entre transformadores, cave la solución de disponer una impedancia adicional Z_{AD} en serie con el transformador 1 para que se cumpla:

$$I_{1NT1}\left(Z_{cc1T1} + Z_{AD}\right) = I_{1NT2}\left(Z_{cc1T2}\right)$$

Conocida de la expresión anterior el valor de la impedancia adicional a disponer, quedaría determinar que componente de resistencia y de reactancia debe tener. Para ello, si superponemos los diagramas fasoriales correspondientes a los circuitos equivalentes de ambos transformadores reducidos al secundario, resulta la Figura 5.6.

Se observa que, para conseguir una corriente en el receptor I_{2T}, proporcional a través de la relación de transformación a la intensidad de corriente I_{1Total}, los transformadores acoplados deben suministrar las corrientes I_{1T1} e I_{1T2} y que estas corrientes se deben de sumar fasorialmente. Pues bien, a fin de que para una corriente total fija I_{2T} o I_{1Total}, las corrientes de cada transformador sea del mínimo valor, estas deberán estar en fase y esto ocurrirá si los triángulos de cortocircuito de los transformadores acoplados son proporcionales. Por tanto, se deberá buscar las siguientes igualdades:

$$I_{1NT1}(R_{cc1T1}) = I_{1NT2}(R_{cc1T2})$$

$$I_{1NT1}(X_{cc1T1}) = I_{1NT2}(X_{cc1T2})$$

y en el caso de que no se cumpla, esto es, por ejemplo:

$$I_{1NT1}(R_{cc1T1}) < I_{1NT2}(R_{cc1T2})$$

$$I_{1NT1}(X_{cc1T1}) < I_{1NT2}(X_{cc1T2})$$

se tendrá que buscar una reactancia y una resistencia adicionales que cumplan:

$$I_{1NT1}(R_{cc1T1} + R_{AD}) = I_{1NT2}(R_{cc1T2})$$

$$I_{1NT1}(X_{cc1T1} + X_{AD}) = I_{1NT2}(X_{cc1T2})$$

Aunque el método operativo de obtener las impedancias adicionales, a fin de que las corrientes de los transformadores acoplados se sumen aritméticamente es el indicado, hay que tener presente que la introducción de resistencias en serie con los devanados determinará una pérdida energética al paso de la corriente, por lo que habitualmente se igualarán tensiones de cortocircuito de transformadores acoplados adicionando, exclusivamente, reactancias.

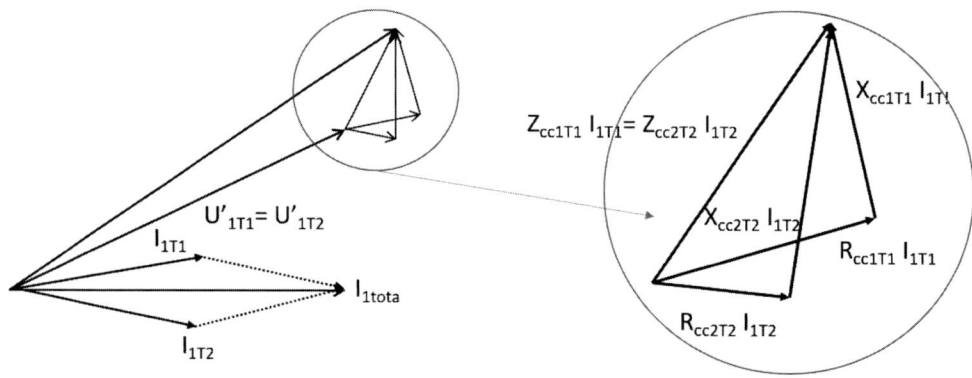

Figura 5.6.

5.2.1.1. *Cálculo del reparto de cargas*

Un problema que con frecuencia debe resolverse es calcular el reparto de cargas entre transformadores acoplados, en los que no se cumpla la igualdad de tensiones de cortocircuito, para ello se plantean las siguientes ecuaciones, obtenidas de los diagramas fasoriales de los transformadores acoplados:

$$C_{T1} \cdot \varepsilon \%_{ccT1} = C_{T2} \cdot \varepsilon \%_{ccT2} = C_{T3} \cdot \varepsilon \%_{ccT3} = \ldots\ldots\ldots\ldots = C_{Tn} \cdot \varepsilon \%_{ccTn}$$

Siendo cada índice de carga:

$$C_{Ti} = \frac{S_i}{S_{Ni}}$$

Y la potencia total suministrada:

$$S_T = S_1 + S_2 + \ldots\ldots\ldots S_N$$

Esta suma, estrictamente debe ser fasorial, pero el error que se comete es mínimo si se hace de forma aritmética

Para determinar la máxima potencia que se puede obtener de un acoplamiento de transformadores con diferentes tensiones de cortocircuito, se le asignará el valor de índice de carga 1 al transformador con mínima tensión de cortocircuito y se obtendrá el valor de los otros índices de carga a través de la ecuación que iguala productos de índice de carga por tensiones de cortocircuito.

5.3. Acoplamiento en paralelo de transformadores trifásicos: grupos de conexiones normalizadas

En el tema anterior se estudió que, dependiendo de la conexión de los devanados del transformador, se produce un desfase de las tensiones secundarias respecto de las primarias que pueden ser: 0°, 150°, 180° y 330°. Mediante el índice horario se indican estos desfases, que pueden ser:

- Índice horario 0, desfase 0°
- Índice horario 5, desfase 5°
- Índice horario 6, desfase 6°
- Índice horario 11, desfase 330°

De todas las posibles combinaciones de conexiones de circuitos de alta y baja tensión hay solamente 12 conexiones normalizadas que son: Yy0, Dd0, Dz0, Dy5, Yd5, Yz5, Yy6, Dd6, Dz6, Dy11, Yd11, Yz11

5.3.1. Condiciones para el acoplamiento en paralelo de transformadores trifásicos:

Las condiciones que han de cumplir los transformadores trifásicos para poderse acoplar en paralelo son:

- Las mismas que deben cumplir los transformadores monofásicos, y por las mismas razones. Aunque en los monofásicos se habló de igualdad de relación de transformación, en este caso se debe cumplir la igualdad de relación de tensiones en vacío, ya que unas y otras no siempre coinciden con los trifásicos.

- Que los transformadores que se desean acoplar posean el mismo desfase, es decir, pertenezcan al mismo grupo de conexiones. De no ser así, se están uniendo terminales de transformadores con tensiones instantáneas muy diferentes, lo que provocaría intensidades de corriente muy elevadas, similares a las de cortocircuito.

En la Figura 5.7 se analiza la unión de dos transformadores de índices horarios 0 y 11. Se comprueba que la diferencia de tensiones entre fases es de $\sqrt{3}/4$ el valor de la tensión de fase, que produciría una intensidad de corriente muy superior a la nominal y dejaría los transformadores fuera de servicio.

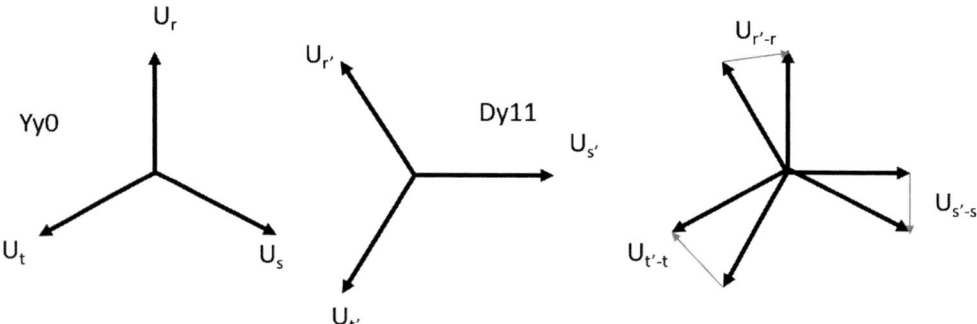

Figura 5.7.

No obstante, los transformadores de índice horario 5 y 11 son compatibles realizando las permutas en sus conexiones que se indica en la Table 5.1:

Table 5.1.

		Alta Tensión	Baja Tensión
		R S T	r s t
	Transformador IH 5	U V W	u v w
Transformador Índice Horario 11	1° combinación	U W V	w v u
	2° combinación	W V U	v u w
	3° combinación	V U W	u w v

5.4. Determinación de la correspondencia de bornes de transformadores para su acoplamiento

Se denominan bornes correspondientes a aquellos bornes primarios y secundarios de distintos transformadores que deben ser conectados a un mismo hilo de línea, ya sea de alimentación o de salida.

En la Figura 5.8 se indica la forma de realizar el acoplamiento en paralelo de una pareja de transformadores monofásicos y trifásicos.

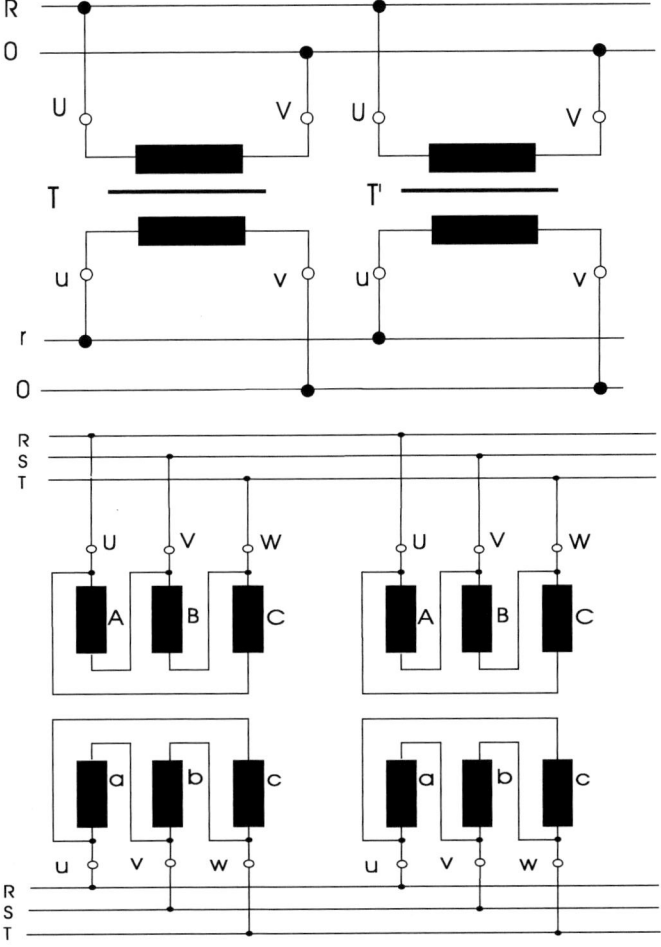

Figura 5.8.

En el acoplamiento en paralelo de transformadores se conectan a un mismo hilo de línea los bornes correspondientes, que son los que van marcados con la misma letra: U, V, W para alta tensión u, v, w para baja tensión).

Todos los transformadores normalizados deben tener sus bornes marcados para poder ser así conectados en paralelo. La operación de marcaje se debe realizar en fábrica.

A continuación, se estudiará el proceso a seguir para determinar los bornes correspondientes en el caso de que estos no estén marcados.

5.4.1. Transformadores monofásicos

Consideremos dos transformadores monofásicos T y T› y supóngase que los transformadores están conectados a la red de alimentación de la forma indicada en la Figura 5.9.

Se procederá a unir dos bornes secundarios cualesquiera y se medirá, con un voltímetro de alcance doble de la tensión en vacío de los transformadores, la tensión entre los otros libres. Si la lectura del voltímetro es cero, los bornes correspondientes son los unidos, esto es u-u' y los v-v'. Si el voltímetro indica tensión, los bornes correspondientes son u-v' y v-u'

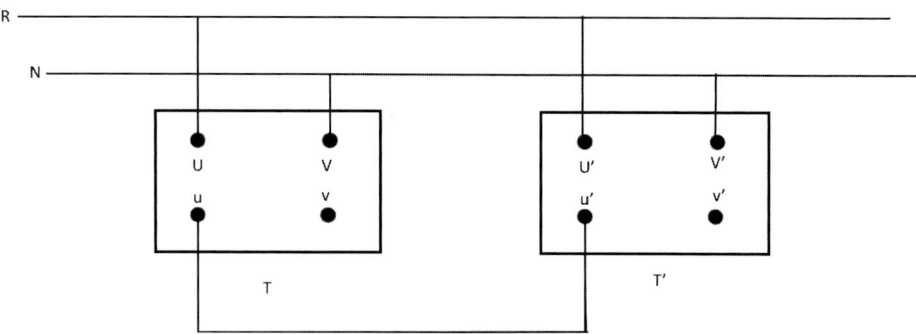

Figura 5.9.

5.4.2. Transformadores trifásicos:

Considérese dos transformadores trifásicos conectados tal como muestra la Figura 5.10:

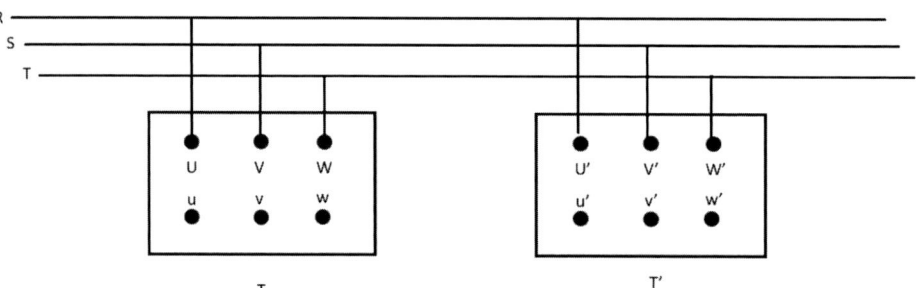

Figura 5.10.

Conectado el transformador T, se tiene para el T' cuatro posibilidades de conectar sus bornes primarios a la red de alimentación. Estas son, además de la indicada en la figura anterior, las uniones siguientes:

- U' - S   V' - R   W' - T
- U' - T   V' - S   W' - R
- U' - R   V' - T   W' - S

Elegida una de las cuatro posibilidades anteriores, se une al azar un borne del lado de baja tensión, de cada transformador mediante un conductor, por ejemplo, se unen los bornes u-u' y con un voltímetro se mide la diferencia de potencial existente entre los bornes libres de cada transformador, esto es entre: v-v'; v-w'; w-v'; w-w'. Si dos de estas medidas dan tensión nula, los bornes correspondientes son los unidos y aquellos que han dado cero en la medida. Si las cuatro medidas dan tensión, se cambia la conexión a otros dos bornes diferentes: u-v' y se vuelve a medir entre los cuatro restantes. Si todas las medidas indican tensión se hace otro cambio, uniendo ahora u-w' realizando las cuatro medidas de tensión posible. En caso de que sigan indicando tensión se hacen los cambios indicados en las conexiones primarias.

Problemas tema 5

Problema 5.1. Una instalación debe suministrar 600 kVA con factor de potencia 0,9, para lo que se acoplan en paralelo dos transformadores trifásicos, con tensiones nominales de 20/0,4 kV de las siguientes características:

> Transformador A: 400 kVA, tensión de cortocircuito del 4 % y pérdidas de cortocircuito del 2 % de la potencia nominal.

> Transformador B: 400 kVA, tensión de cortocircuito del 5 % y pérdidas de cortocircuito del 2 % de la potencia nominal.

Calcular:

1. La potencia que suministrará cada transformador en el acoplamiento.
2. La reactancia a disponer en cada fase de alta tensión para conseguir que ambos transformadores suministren la misma potencia.
3. La tensión suministrada en el acoplamiento, una vez dispuesta la reactancia adicional.

Ap. 1

$$\varepsilon_{cc}\%_A \cdot C_A = \varepsilon_{cc}\%_B \cdot C_B \rightarrow 4 \cdot \frac{S_A}{S_{NA}} = 5 \cdot \frac{S_B}{S_{NB}} \rightarrow 4 \cdot \frac{S_A}{400} = 5 \cdot \frac{S_B}{400}$$

$$S_A + S_B = 600$$

$$S_A = 333.3 \; kVA$$

$$S_A = 266.7 \; kVA$$

Ap. 2

El transformador de 400 kVA con tensión de cortocircuito del 4 %:

$$S_{cc} = 16000 VA$$

$$Q_{Cc} = 13856 VAr$$

$$P_{cc} = 8000W$$

Con tensión de cortocircuito del 5 %:

$$S_{cc} = 20000 VA$$

$$Q_{Cc} = 18330 VAr$$

$$P_{cc} = 8000 W$$

La diferencia de potencia reactiva es: 4474 Var

$$X_{ADIC} = \frac{Q_{ad}}{3 \cdot I_N^2} = \frac{4474}{3 \cdot 11.55^2} = 11.2 \Omega$$

Ap. 3

$$\varepsilon_c(\%) = C \cdot \varepsilon_{cc}(\%) \cdot cos(\varphi_{cc} - \varphi_2)$$

$$\varepsilon_c(\%) = \frac{600}{800} \cdot 5 \cdot cos(66.4 - 25.8) = 2.84\%$$

$$\varepsilon_c(\%) = \frac{U_{20} - U_2}{U_{20}} \cdot 100$$

$$U_2 = 400 \cdot (1 - 0.0284) = 388.6 V$$

Problema 5.2. Calcular la máxima potencia que podrán suministrar, sin sobrecargarse, tres transformadores trifásicos, cuyas características nominales son:

Transformador A: 500 kVA; 20/0,41kV; tensión de cortocircuito 5 %

Transformador B: 630 kVA; 20/0,41kV; tensión de cortocircuito 6 %

Transformador C: 800 kVA; 20/0,41kV: tensión de cortocircuito 7 %

$$C_1 \cdot \varepsilon_{cc1}\% = C_2 \cdot \varepsilon_{cc2}\% = C_3 \cdot \varepsilon_{cc3}\%$$

$$C_1 \cdot 5 = C_2 \cdot 6 = C_3 \cdot 7$$

$$C_1 = 1 \rightarrow S_1 = 500\,kVA; \quad C_2 = \frac{5}{6} \rightarrow S_2 = \frac{5}{6}630\,kVA = 525; \quad C_3 = \frac{5}{7} \rightarrow S_3 = \frac{5}{7}800\,kVA = 571\,kVA$$

$$S_T = 500\,kVA + 525\,kVA + 571\,kVA = 1596\,kVA$$

Problema 5.3. Se necesitan acoplar en paralelo dos transformadores trifásicos, cuyas características nominales son:

Transformador A: 500 kVA; 20/0,41kV; tensión de cortocircuito 5 %; pérdidas de cortocircuito 8500 W

Transformador B: 630 kVA; 20/0,41kV; tensión de cortocircuito 7 %; pérdidas de cortocircuito 10500 W

Calcular las reactancias a disponer en serie con los bornes de AT, del transformador que corresponda, para conseguir un reparto equilibrado de cargas.

$\varepsilon cc\%$	5	7
Scc (VA)	25000	35000
Pcc (W)	8500	8500
Q_{cc} (VAr)	23510	33950

$$I_{1N} = \frac{S_N}{\sqrt{3}\,U_{1N}} = \frac{500}{\sqrt{3}\cdot 20} = 14.43\ A$$

$$X_{AD} = \frac{Q_{cc6} - Q_{cc5}}{3\cdot I_{1N}^2} = \frac{33950 - 23510}{3\cdot (14.43)^2} = 16.71\Omega$$

Problema 5.4. Se necesitan acoplar en paralelo dos transformadores trifásicos, cuyas características nominales son:

Transformador A: 1000 kVA; 20/0,41kV; tensión de cortocircuito 5 % y pérdidas de cortocircuito del 1,5 %.

Transformador B: 500 kVA; 20/0,41kV; tensión de cortocircuito 5 % y pérdidas de cortocircuito de 1,5 %.

Por error el selector de tensiones del transformador A se pone a 400 V, calcular la corriente de circulación interna entre los transformadores acoplados

Calcular la máxima potencia que podrán suministrar ambos una vez corregido el error, es decir, los dos transformadores con tensiones secundarias de 410 V.

$$I_{NBT} = \frac{S_N}{\sqrt{3}\cdot U} = \frac{1000}{\sqrt{3}\cdot 0.41} = 1408\ A$$

$$Z_{ccBTA} = \frac{U_{cc}}{\sqrt{3}\cdot I_N} = \frac{410\cdot 0.05}{\sqrt{3}\cdot 1408} = 0.0084\ \Omega$$

El transformador B tiene la misma tensión de ctto y la mitad de potencia, luego su impedancia será el doble que la del trafo A: 0,0168 Ω

Como las tensiones de ctto circuito y las pérdidas relativas de ambos transformadores son las mismas, las tangentes del triángulo de ctto serán iguales, es decir, las impedancias tendrán las mismas fases, luego se pueden sumar aritméticamente.

$$I_{ci} = \frac{U_{20B} - V_{20B}}{\sqrt{3}\cdot (Z_{ccBTA} + Z_{ccBTB})} = \frac{10}{\sqrt{3}\cdot (0.0084 + 0.0168)} = 229\ A$$

Como ambos tienen las mismas tensiones de cortocircuito podrán aportar toda su potencia nominal, esto es 1000 + 500 = 1500 kVA.

Problema 5.5. Un transformador Dy5 de 630 kVA a 20/0,4 kV y 50 Hz con tensión de cortocircuito del 5 % y pérdidas de cortocircuito de 15500 W se ensaya en vacío a tensión nominal midiéndose una corriente de 0,15 A y una potencia de 1850 W. Calcular:

1. El circuito equivalente en estrella del transformador reducido a alta tensión.
2. El circuito equivalente, por fase, reducido a alta tensión.
3. La variación porcentual de la tensión a plena carga con factor de potencia 0,9 inductivo.
4. El rendimiento para el funcionamiento a la mitad de plena carga con este factor de potencia.
5. La intensidad de cortocircuito por el lado de A.T.

Para aumentar lo potencia disponible se conecta en paralelo con el anterior otro de 1000 kVA, con las mismas tensiones nominales, tensión de cortocircuito del 6 % y pérdidas de cortocircuito de 18300 W. Calcular:

6. La máxima potencia que pueden suministrar en el acoplamiento.
7. La reactancia a disponer en el circuito de alta tensión para conseguir que suministren la suma de sus potencias nominales.

Ap. 1

$$R_{fe} = \frac{U^2}{P_{fe}} = \frac{20000^2}{1850} = 216.2k\Omega$$

$$Q_o = \sqrt{S_o{}^2 - P_{fe}{}^2} = \sqrt{(\sqrt{3} \cdot 20000 \cdot 0.15)^2 - 1850^2} = 4855 VAr$$

$$X_\mu = \frac{U^2}{Q_o} = \frac{20000^2}{4855} = 82.4k\Omega$$

$$I_{1N} = \frac{S}{\sqrt{3} \cdot U_{1N}} = \frac{630 \cdot 10^3}{\sqrt{3} \cdot 20000} = 18.18A .$$

$$R_{C1} = \frac{Pcc}{3 \cdot I_{1N}{}^2} = \frac{15500}{3 \cdot 18.18^2} = 15.63\Omega$$

$$S_{cc} = \frac{\varepsilon_{cc}\%}{100} \cdot S_N = \frac{5}{100} \cdot 630 = 31.5kVA$$

$$Q_{Cc} = \sqrt{S_{cc}{}^2 - P_{Cc}{}^2} = \sqrt{31.5^2 - 15500^2} = 27.4kVAr$$

$$X_{C1} = \frac{Qcc}{3 \cdot I_{1N}{}^2} = \frac{27400}{3 \cdot 18.18^2} = 27.63\Omega$$

Ap. 2

$$R_{fe} = \frac{U^2}{P_{fe}} = \frac{3 \cdot 20000^2}{1850} = 648.6\,k\Omega$$

$$X_\mu = \frac{U^2}{Q_o} = \frac{3 \cdot 20000^2}{4855} = 247.2\,k\Omega$$

$$R_{C1} = \frac{Pcc}{3 \cdot \left(\dfrac{I_{1N}}{\sqrt{3}}\right)^2} = \frac{15500}{18.18^2} = 46.89\Omega$$

$$X_{C1} = \frac{Qcc}{3 \cdot \left(\dfrac{I_{1N}}{\sqrt{3}}\right)^2} = \frac{27400}{18.18^2} = 82.89\Omega$$

Ap. 3

$$\varepsilon_c(\%) = C \cdot \varepsilon_{cc}(\%) \cdot cos(\varphi_{cc} - \varphi_2)$$

Donde:

C= 1

$$\varphi_{cc} = arctang\frac{X_{cc}}{R_{cc}} = 60.5^o$$

$$\varphi_2 = arccos(0.9) = 25{,}84^o$$

Resultando: $e_c(\%) = 4{,}11\,\%$

Ap. 4

$$\eta_{max} = \frac{C \cdot S \cdot cos\varphi}{C \cdot S \cdot cos\varphi + 2 \cdot P_0} = \frac{0.5 \cdot 630 \cdot 0.9}{0.5 \cdot 630 \cdot 0.9 + 1.85 + 0.5^2 \cdot 15.500} = 0.980$$

Ap. 5

$$I_{cc} = \frac{\varepsilon_{cc}\%}{100} \cdot I_N = \frac{5}{100} \cdot 18.18 = 363.6A$$

Ap. 6

$$5 \cdot C_1 = 6 \cdot C_2 \Longrightarrow C_1 = 1;\ C_2 = \frac{5}{6}$$

$$S_1 = 630\,kVA;\ S_2 = \frac{5}{6}*1000 = 833.3\,kVA;\ S_T = 1463.3\,kVA$$

Ap. 7

Igualando tensiones de cortocircuito:

Con tensión de cortocircuito del 5 %:

$$S_{cc} = 31500 \ VA \quad Q_{Cc} = 34476 \ VAr$$

$$P_{cc} = 15500 \ W$$

Con tensión de cortocircuito del 6 %:

$$S_{cc} = 37800 \ VA$$

$$Q_{Cc} = 34476 \ VAr$$

$$P_{cc} = 15500 \ W$$

$$X_{ADIC} = 34476 - 24700 = 7076 \ VAr$$

$$X_{ADIC} = \frac{7076}{3 \cdot 18.18^2} = 7.13\Omega$$

Problema 5.6. Se deben acoplar en paralelo dos transformadores trifásicos de las siguientes características:

> Transformador A: 630 kVA, 20 000/400 V, 50 Hz, tensión de cortocircuito del 4 %, pérdidas de cortocircuito de 6500W, pérdidas en vacío: 1300 W

> Transformador B: 1000 kVA, 20 000/400 V, 50 Hz, tensión de cortocircuito del 6 %, pérdidas de cortocircuito de 10 500 W, pérdidas en vacío: 1700 W

Calcular:

1. La máxima potencia que pueden suministrar en el acoplamiento.
2. La reactancia a disponer en serie en cada línea del lado de alta del transformador de 630 kVA para conseguir un reparto equilibrado de cargas.
3. La tensión secundaria que proporcionarán, una vez instalada la reactancia adicional calculada, cuando suministren 1500 kVA a un receptor con factor de potencia inductivo igual a 0,9 estando su primario alimentado a su tensión nominal.
4. El rendimiento del conjunto de los transformadores acoplados.
5. La corriente de cortocircuito del acoplamiento por alta tensión.

Ap. 1

$$C_1 \cdot \varepsilon_{cc1}\% = C_2 \cdot \varepsilon_{cc2}\%$$

$$C_1 = 1 \quad C_2 = 4/6$$

$$S_t = S_1 + S_2 = 630 + \frac{4}{6}1000 = 1297kVA$$

Ap. 2

$\varepsilon_{cc}\%$	4	6
S_{cc} (VA)	25200	37800
P_{cc} (W)	6500	6500
Q_{cc} (Var)	24347	37236

$$I_{1N} = \frac{S_N}{\sqrt{3}\,U_{1N}} = \frac{630}{\sqrt{3}\cdot 20} = 18.18A$$

$$X_{AD} = \frac{Q_{cc6} - Q_{cc5}}{3 \cdot I_{1N}^2} = \frac{37236 - 24347}{3 \cdot 18.18^2} = 13\Omega$$

Ap. 3

$$C \cong \frac{S_2}{S_N} = \frac{1500}{(630 + 1000)} = 0,92$$

$$\varepsilon_{cc}(\%) = 6\%$$

$$\varphi_{cc} = arccos\frac{P_{cc}}{S_{cc}} = arccos\frac{6500}{37800} = 80°$$

$$\varphi_2 = arccos(0,9) = 25,8°$$

$$\varepsilon_c(\%) = C\,\varepsilon_{CC}(\%)\,cos(\varphi_{cc} - \varphi_2) = 0,92\cdot 6\cdot cos(80 - 25,8) = 3.22\%$$

$$U_{2c} = \frac{100 - \varepsilon_c(\%)}{100}U_{2N} = \frac{100 - 3.22}{100}400V = 387V$$

Ap. 4

$$\eta \cong \frac{S_N \cdot cos\varphi}{S_N \cdot cos\varphi + P_0 + C^2 P_{cc}} = = \frac{1500 \cdot 0.9}{1500 \cdot 0.9 + 3 + 0.92^2 \cdot (6.5 + 10.5)} = 98.73\%$$

Ap. 5

$$I_{1N} = \frac{\sum S_N}{\sqrt{3}\,U_{1N}} = \frac{1630}{\sqrt{3}\cdot 20} = 47.05A$$

$$I_{1cc} = \frac{I_1}{\varepsilon_{cc}\%}100 = \frac{47.05}{6}100 = 784A$$

Problema 5.7. Dos transformadores de las siguientes características.

	Transformador A	Transformador B
Conexiones	Dy5	Dy5
Potencias	2000 kVA	1000 kVA
Tensiones	20/0,4 kV	20/0,4 kV
Frecuencias	50 Hz	50 Hz
Relación de transformación	83	83
Tensiones de ctto:	5 %	4,5 %
Rendimiento a plena carga con factor de potencia 0,85	97,5	96,5
Coeficiente de carga	0,5	0,55

Se acoplan en paralelo sobre un receptor de 2500 kVA. Determínese:

1. La potencia que suministrará cada transformador.

2. Los valores y naturaleza de las impedancias adicionales óptimas para el correcto reparto de las cargas.

En primer lugar, de calcularán las resistencias y reactancias de cortocircuito de ambos transformadores que serán necesarias para resolver el segundo apartado:

Transformador A

$$I_2 = \frac{S}{\sqrt{3} \cdot U} = \frac{2000}{\sqrt{3} \cdot 0.4} = 2886.8A$$

$$Z_{cc} = \frac{U_{cc1}}{m \cdot I_{2A}} = \frac{20000 \cdot \frac{5}{100}}{83 \cdot 2886.8} = 0.0042\Omega$$

$$P_p = \frac{P_u}{\eta} - P_u = \frac{2000 \cdot 0.85}{0.975} - 2000 \cdot 0.85 = 43.59kW$$

$$C_{\eta max} = \sqrt{\frac{Po}{Pcc}} \rightarrow Po = C_{\eta max}{}^2 Pcc = 0.5^2 Pcc$$

$$Po + Pcc = 43.59kW$$

$$Po = 0.25Pcc$$

$$Pcc = 34.87kW$$

$$Rc_2 = \frac{Pcc}{3.I_2^2} = \frac{34870}{3 \cdot 2886.8^2} = 0.0014\Omega$$

$$Xc_2 = \sqrt{Zc^2 - Rc_2{}^2} = 0.004\Omega$$

Transformador B

$$I_2 = \frac{S}{\sqrt{3} \cdot U} = \frac{1000}{\sqrt{3} \cdot U} = 1443.4A$$

$$Z_{cc} = \frac{20000 \cdot \frac{4.5}{100}}{83 \cdot 1443.4} = 0.0075\Omega$$

$$Pp = \frac{1000 \cdot 0.85}{0.965} - 1000 \cdot 0.085 = 30.83kW$$

$$Pco = 0.55^2 Pcc \qquad Pco + Pcc = 30.83$$

$$Pco = 7.16\ kW \qquad Pcc = 23.67kW$$

$$Rc_2 = \frac{23670}{3 \cdot 1.443.4^2} = 0.0038\Omega$$

$$Xc_2 = 0.0065\Omega$$

Ap.1

De las ecuaciones del reparto de cargas:

$$\varepsilon_{ccA} \cdot C_A = \varepsilon_{ccB} \cdot C_B$$

$$5 \cdot \frac{S_A}{2000} = 4.5 \frac{S_B}{1000}$$

$$S_A + S_B = S_{TO} \rightarrow S_A + S_B = 2500kVA$$

resolviendo el sistema:

$$S_B = 897kVA$$

$$S_A = 1603kVA$$

Ap. 2. En este apartado se calculará las impedancias adicionales para que las intensidades de corriente suministradas estén en fase, por ello se calcularán independientemente las resistencias y las reactancias.

$$\frac{S_A}{S_B} = \frac{2000}{1000} = 2$$

$$\frac{Rc_{2B}}{Rc_{2A}} = 2$$

$$Rc_{2A} + R_{2adic_A} = \frac{Rc_{2B}}{2}$$

$$R_{2adic_A} = \frac{Rc_{2B}}{2} - Rc_{2A} = \frac{0.0038}{2} - 0.0014 = 0.0005\Omega$$

$$R_{1adic_A} = R_{2adic_A} \cdot \left(\frac{U_1}{U_{20}}\right)^2 = 0.0005 \cdot \left(\frac{83}{\sqrt{3}}\right)^2 = 1.15\Omega$$

$$Xc_{2B} + X_{2adicB} = Xc_{2A}$$

$$X_{2adicB} = 2Xc_{2A} - Xc_{2B} = 2 \cdot 0.0040 - 0.0065 = 0.0015\Omega$$

$$X_{1adicB} = X_{2aB} \cdot \left(\frac{U_1}{U_{20}}\right)^2 = 0.0015 \cdot \left(\frac{83}{\sqrt{3}}\right)^2 = 3.44\Omega$$

Problema 5.8. Dos transformadores Dy5 de 100 kVA alimentados a 20 kV y 50 Hz, tienen tensiones de vacío iguales a 430 V. Ensayados en cortocircuito bajo tensión de 220 V absorben 38 y 40W cuando las intensidades en bornes secundarios valen 16 y 22 A. Sabiendo que se deben acoplar en paralelo para suministrar 250 A a un sistema receptor con factor de potencia inductivo igual a 0,85, deberá calcularse:

1.   La tensión secundaria.
2.   La potencia activa suministrada por cada transformador.
3.   El desfase entre las corrientes suministradas y las tensiones en ambos transformadores.

Solución:

Ap. 1. En primer lugar, se calcularán las resistencias y reactancias combinadas reducidas al secundario de ambos transformadores. Como:

$$m = \frac{U_{cc}}{m \cdot I_2}$$

siendo U_{CC} la tensión a que se realiza el ensayo en cortocircuito, esto es 220 V, I2 la intensidad que circula por el secundario en dicho ensayo, que es 16 A para un transformador y 22 A para el otro y m la relación entre las espiras de uno y otro transformador, que es la misma para ambos y cuyo valor se deduce de la forma:

$$m = \frac{\sqrt{3}U_1}{U_{20}} = \frac{\sqrt{3} \cdot 20000}{430} = 80.56$$

resultando:

$$Z_{C2A} = \frac{220}{80.56 \cdot 16} = 0.171\Omega$$

$$Z_{C2B} = \frac{220}{80.56 \cdot 22} = 0.124\Omega$$

Las resistencias de cortocircuito, reducidas al secundario (BT), se obtienen de la expresión:

$$R_{C2} = \frac{P_{CC}}{3 \cdot I_2{}^2}$$

que sustituyendo valores resulta:

$$R_{c2A} = \frac{38}{3 \cdot 16^2} = 0.049\Omega$$

$$R_{c2B} = \frac{40}{3 \cdot 22^2} = 0.028\Omega$$

y por último, las reactancias:

$$X_{c2A} = \sqrt{Z_{c2A}^2 - R_{c2A}^2} = \sqrt{0.171^2 - 0.049^2} = 0.164\Omega$$

$$X_{c2B} = \sqrt{Z_{c2B}^2 - R_{c2B}^2} = \sqrt{0.124^2 - 0.028^2} = 0.121\Omega$$

Por tener las mismas tensiones de vacío ambos transformadores y triángulos de cortocircuito no semejantes, el diagrama fasorial del acoplamiento es el indicado en la figura de la que se deducen las expresiones:

$$Z_{c2A}I_{2A} = Z_{c2B}I_{2B}$$

$$I_{2t}^2 = I_{2A}^2 + I_{2B}^2 + 2I_{2A}I_{2B}cos\alpha$$

siendo α:

$$\alpha = arctg\frac{X_{c2B}}{R_{c2B}} - arctg\frac{X_{c2A}}{R_{c2B}} = 3.61°$$

$$AB = R_{c2A}I_{2A} \quad BC = X_{c2A}I_{2A}$$

$$AB' = R_{c2B}I_{2B} \quad B'C = X_{c2B}I_{2B}$$

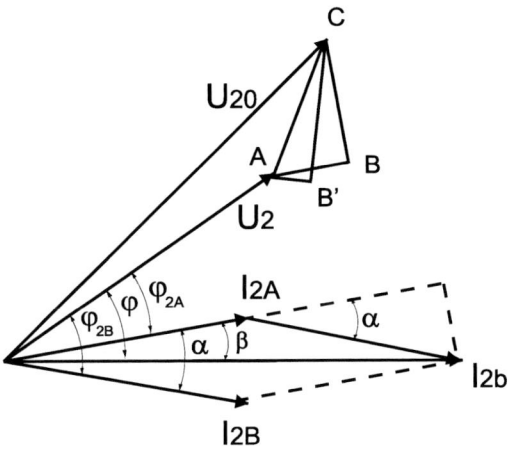

Sustituyendo los valores en el sistema de ecuaciones se obtienen las expresiones:

$$0.171 I_{2A} = 0.124 I_{2B}$$

$$250^2 = I_{2A}^2 + I_{2B}^2 + 2I_{2A}I_{2B}cos3.61°$$

resultando:

$$I_{2A} = 105.14 A; \quad I_{2B} = 144.98 A$$

Del diagrama fasorial también se puede obtener:

$$\frac{U_{20}^2}{3} = \left(U_2 cos\varphi_{2A} + R_{c2A}I_{2A} \right)^2 + \left(U_2 sen\,\varphi_{2A} + X_{c2A}I_{2A} \right)^2$$

siendo:

$$\varphi_{2A} = \varphi - \beta = arccos0.85 - arcsen\frac{I_{2B}sen\,\alpha}{I_{2t}} = 31.79° - 2.09° = 29.70°$$

por tanto:

$$\frac{430^2}{3} = \left(U_2'cos29.70° + 0.049 \cdot 105.14 \right)^2 + \left(U_2'sen\,29.70° + 0.164 \cdot 105.14 \right)^2$$

obteniéndose:

$$U_2' = 234.93 V$$

$$U_2 = U_2'\sqrt{3} = 406.91 V$$

Ap. 2. Como ya se ha calculado:

$$\varphi_{2A} = 29.70° y$$

$$\varphi_{2B} = \varphi_{2A} + \alpha = 29.70 + 3.61° = 33.31°$$

siendo las potencias activas en cada transformador:

$$P_A = \sqrt{3}U_2I_{2A}cos\varphi_{2A} = \sqrt{3} \cdot 406.91 \cdot 105.14 \cdot 0.87 = 64366.9 W$$

$$P_B = \sqrt{3}U_2I_{2B}cos\varphi_{2B} = \sqrt{3} \cdot 406.91 \cdot 144.98 \cdot 0.84 = 85393.2 W$$

Ap. 3

$$\varphi_{2A} = 29.70°; \quad \varphi_{2B} = 33.31°$$

Problema 5.9. Dos transformadores Dy5 de tensión primaria nominal igual a 20 kVA y tensiones de vacío respectivas iguales a 425 y 440 V se desean acoplar en paralelo para suministrar energía a un receptor trifásico, conectado en estrella, de 0,223 ohmios de impedancia por fase y factor de potencia inductivo igual a 0,9. Ensayados en cortocircuito se les aplicaron 140 y 80 V respectivamente, circulando por los secundarios 67 y 46 A absorbiendo 67 y 57 W. Determínese:

1. Las intensidades suministradas por cada transformador con sus respectivos factores de potencia.

2. La tensión en bornes del receptor y la potencia absorbida de éste.

Ap. 1

El circuito equivalente reducido al secundario del acoplamiento, por fase, es el indicado en la figura, donde los parámetros tienen los siguientes valores:

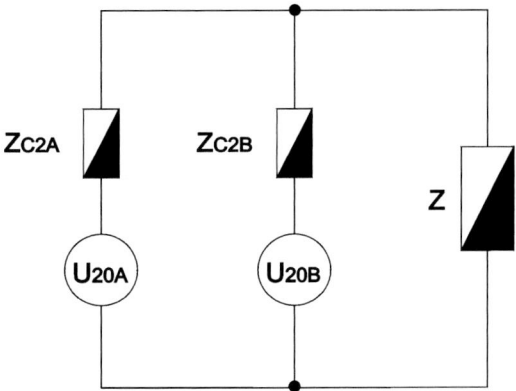

Tensiones secundarias de vacío por fase:

$$U_{20A} = \frac{U_{20}}{\sqrt{3}} = \frac{425}{\sqrt{3}} = 245.37V$$

$$U_{20B} = \frac{U_{20}}{\sqrt{3}} = \frac{440}{\sqrt{3}} = 254.03V$$

Resistencias y reactancias combinadas:

$$Z_{c2_A} = \frac{U_{CC}}{m \cdot I_2} = \frac{140}{81.51 \cdot 67} = 0.026\Omega \qquad \left(m = \frac{\sqrt{3}U_1}{U_{20}} \right)$$

$$Z_{c2_B} = \frac{80}{78.73 \cdot 46} = 0.022\Omega$$

$$R_{c2_A} = \frac{P_{CC}}{3I^2} = \frac{67}{3 \cdot 67^2} = 0.005\Omega$$

$$R_{c2_B} = \frac{57}{3 \cdot 46^2} = 0.009\Omega$$

$$X_{c2_A} = \sqrt{Z_{c2}^2 - R_{c2}^2} = \sqrt{0.026^2 - 0.005^2} = 0.025\Omega$$

$$X_{c2_B} = 0.020\Omega$$

Al circuito indicado se le pueden aplicar las siguientes ecuaciones:

$$U_{20_A} - (R_{c2_A} + jX_{c2_A})I_2 = (R + jX)I$$

$$U_{20_B} - (R_{c2_B} + jX_{c2_B})I_2' = (R + jX)I$$

$$I_{2_A} + I_{2_B} = I$$

siendo:

$$R = 0.223cos\varphi_R = 0.223 \cdot 0.90 = 0.201$$

$$X = 0.223sen\varphi_R = 0.223 \cdot 0.44 = 0.098$$

y los demás valores ya calculados. Haciendo las correspondientes sustituciones y resolviendo el sistema de ecuaciones resulta:

$$I_{2_A} = 371.6A; \quad cos\varphi_A = 0.92$$

$$I_{2_B} = 682.3A; \quad cos\varphi_B = 0.83$$

Ap. 2

$$U_2' = ZI = 240.8V$$

$$U_2 = \sqrt{3}U_2' = 417.1V$$

$$S = \sqrt{3}UI = 776.6kVA$$

6

Autotransformadores monofásicos y trifásicos

6.1. Autotransformadores: ventajas, inconvenientes y aplicaciones

Un autotransformador realiza la misma función que un transformador utilizando un único devanado, en que todo él está conectado a una fuente de tensión alterna senoidal y un grupo de espiras del mismo devanado se conectado al receptor tal como se indica en la Figura 6.1.

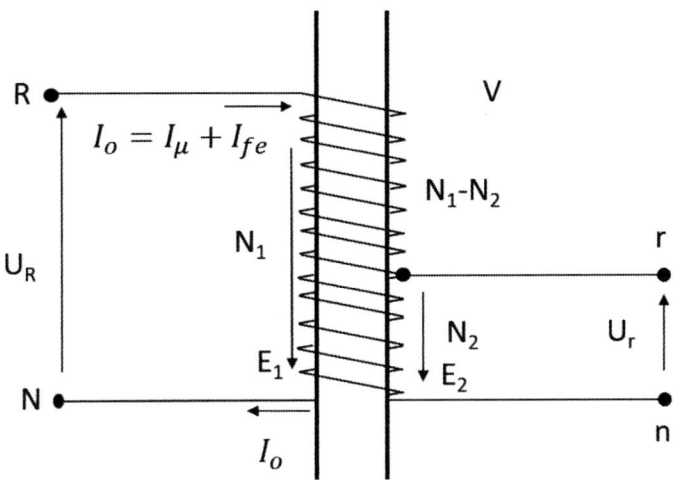

Figura 6.1.

El estudio del funcionamiento en vacío es el mismo que el realizado para los transformadores, el devanado de N_1 espiras conectado a una red de corriente alterna creará una f.e.m.

$$E_1 = 4.44 \cdot \hat{\Phi} \cdot N_1 \cdot f$$

La f.e.m generada en el tramo de N_2 espiras será:

$$E_2 = 4.44 \cdot \hat{\Phi} \cdot N_2 \cdot f$$

La relación de las f.e.m. que, en el caso de funcionamiento en vacío, coincidirá con la relación de tensiones, será:

$$m = \frac{N_1}{N_2} = \frac{E_1}{E_2} = \frac{U_R}{U_r}$$

Asimismo, circulará la intensidad de corriente de vacío I_0, cuyas componentes se calcularán de la misma forma que se hizo para el transformador monofásico.

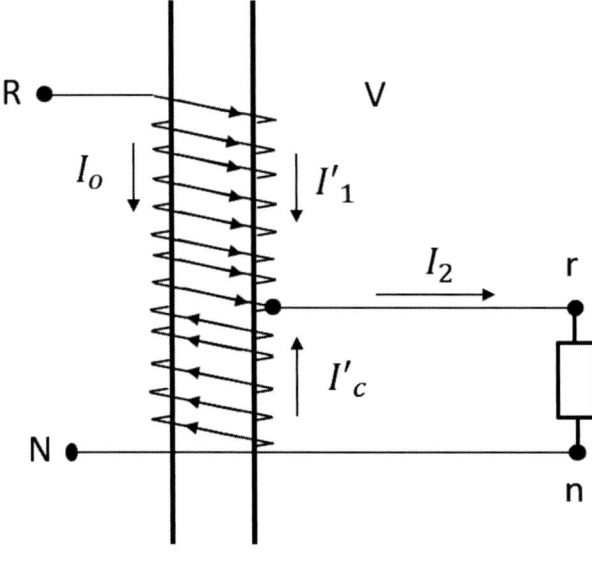

Figura 6.2.

Cuando se conecte un receptor en el circuito de N_2 espiras, Figura 6.2, la máquina le suministrará la intensidad de corriente I_2 que se vendrá de ambos tramos de espiras del transformador. Para calcular el valor de las intensidades de corriente I'_1 e I'_c se recurrirá a la primera ley de Kirchhoff y al teorema de Ampère:

Según los sentidos arbitrarios tomados en la figura, aplicando la primera ley de Kirchhoff:

$$\vec{I_2} = \vec{I}'_1 + \vec{I}'_c$$

Por otro lado, las tensiones magnéticas creadas en ambos tramos de devanado deben compensarse, ya que el campo magnético resultante no puede variar por ser constante la tensión de alimentación, lo mismo que en el estudio que se realizó con el transformador monofásico en carga. Por tanto, según el teorema de Ampère:

$$\left(N_1 - N_2\right) \vec{I}\,'_1 - N_2 \vec{I}\,'_c$$

Resolviendo el sistema de ecuaciones, resulta:

$$\vec{I_c} = \vec{I}\,'_2 + \vec{I}\,'_1$$

$$\vec{I}\,'_1 = \frac{N_2}{N_1} \vec{I_2}$$

Como la relación entre $\vec{I}\,'_1$ e $\vec{I_2}$ es a través de un escalar ambas están en fase y así también la intensidad I_c.

En al caso de considerar la intensidad de corriente de vacío, y considerando los sentidos de corriente obtenidos, se tendrá:

$$\vec{I}_1 = \vec{I}\,'_1 + \vec{I}_0$$

$$\vec{I}\,'_c = \vec{I}\,'_c - \vec{I}_0$$

Y el diagrama fasorial correspondiente se indica en la Figura 6.3.

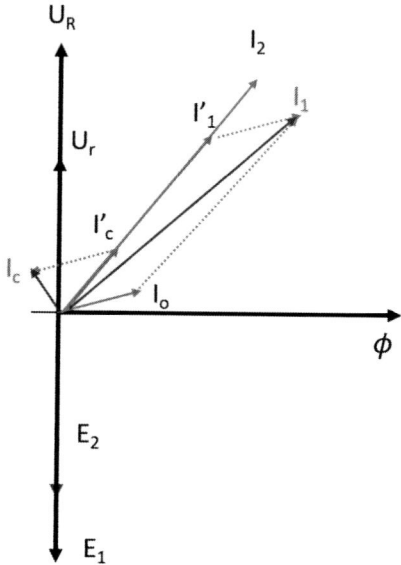

Figura 6.3.

6.1.1. Ventajas de los autotransformadores respecto a los transformadores

Este análisis se efectuará no teniendo en cuenta la intensidad de corriente de vacío que, como ya se indicó en estudios precedentes, es de valor muy reducido respecto a la de plena carga.

Para comparar ambas máquinas, en la Figura 6.4 se puede ver claramente que, para transformar la misma potencia, mientas que un transformador necesita N_1 espiras que serán recorridas por la corriente I_1 y N_2 espiras recorridas por la corriente I_2, un autotransformador necesita $N_1 - N_2$ espiras recorridas por la corriente I_1 y N_2 espiras recorridas por la corriente $I_2 - I_1$, es decir, menos espiras recorrida por la misma intensidad I_1 y las mismas N_2 espiras recorridas por una corriente menor, lo que determina un importante ahorro de cobre.

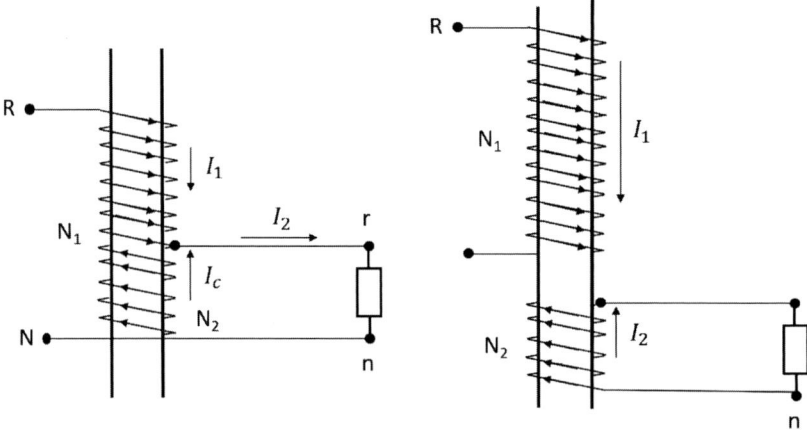

Figura 6.4.

Este ahorro se puede determinar numéricamente comparando un autotransformador con un transformador que pesara lo mismo, esto es la misma cantidad de hierro y cobre en uno y otro, que es el denominado transformador equivalente. Se va a comparar a continuación la potencia aparente que dará una y otra máquina (Figura 6.5)

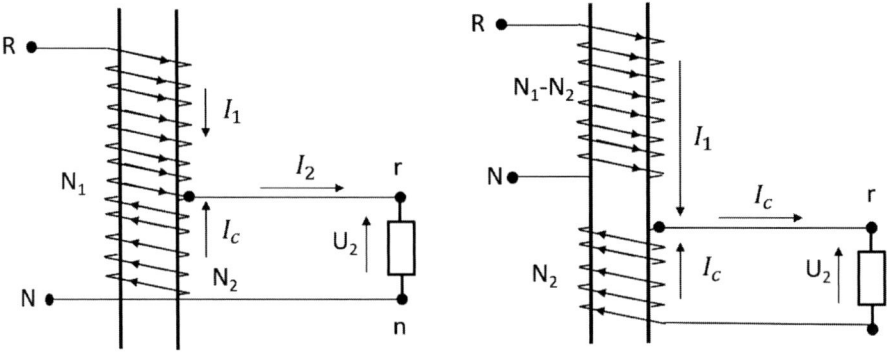

Figura 6.5.

La máquina de la izquierda es el autotransformador que tiene las mismas espiras que la máquina de la derecha (transformador), recorridas por las mismas corrientes.

La potencia suministrada por el transformador (S_T) es:

$$S_T = U_2 I_c$$

Y la del autotransformador:

$$S_A = U_2 I_2$$

Comparando una y otra:

$$S_T = U_2 I_c = U_2(I_2 - I_1) = U_2 \left(I_2 - \frac{N_2}{N_1} I_2 \right) = U_2 I_2 \left(1 - \frac{N_2}{N_1} \right) = U_2 I_2 \left(1 - \frac{1}{m} \right) = S_A \left(1 - \frac{1}{m} \right)$$

De la anterior ecuación se deduce que, si por ejemplo, la relación de transformación es de 2, con el mismo material se puede construir un transformador o un autotransformador, siendo la potencia del segundo el doble que la del primero, por tanto, las ventajas que tiene son:

- Menor peso: Como consecuencia de lo anterior, se tiene, además de un ahorro de material conductor, un ahorro de hierro a causa de la reducción que se puede realizar en la longitud del circuito magnético por no existir el devanado secundario.

- Menor caída de tensión óhmica: Teniéndose menor cantidad de cobre es lógico admitir que se tendrá una menor caída de tensión óhmica.

- Mayor rendimiento: Al tener, en el autotransformador, una longitud menor del circuito magnético, las pérdidas en el hierro son menores y por lo tanto lo son también las pérdidas de vacío. La economía de cobre implica unas pérdidas de cortocircuito más reducidas. En consecuencia, se tiene un mayor rendimiento en el autotransformador que en el transformador a igualdad de potencia suministrada por ambas máquinas.

6.1.2. Inconvenientes

El principal inconveniente de los autotransformadores es la unión eléctrica de los circuitos primario y secundario. Para ilustrarlo, considérese el siguiente autotransformador reductor (Figura 6.6), que tuviera una relación de tensiones elevada, por ejemplo 11 547/231 V, que se corresponde con una fase de un transformador de distribución 20/0,4 kV:

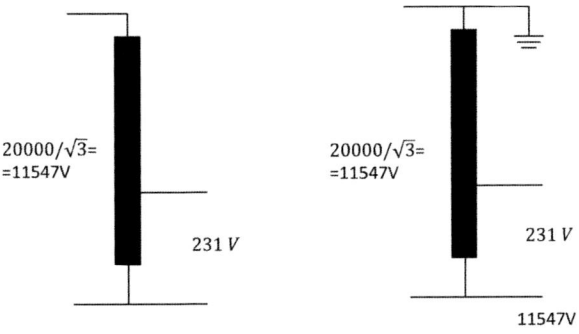

Figura 6.6.

Supóngase que se tiene una puesta a tierra accidental de la fase correspondiente a la línea que alimenta el borne de AT. En esas condiciones en baja tensión se tendría 11 547 V:

Este inconveniente se puede intentar evitar con la puesta a tierra permanente de baja tensión, pero si hay una discontinuidad de esa puesta a tierra se tendría el mismo problema (Figura 6.7).

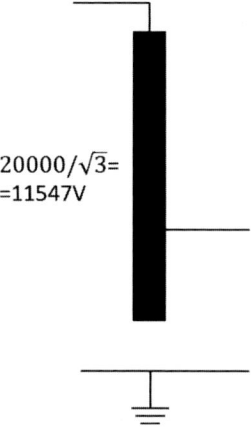

$20000/\sqrt{3}=$
$=11547V$

Figura 6.7.

Por otro lado, con relaciones de transformación elevadas el ahorro calculado anteriormente no es tan significativo, ya que si, por ejemplo, la relación de transformación es de 50, el ahorro del autotransformador sería del 2 %, que es insignificante frente al problema analizado anteriormente.

En el estudio realizado se ha supuesto un transformador reductor, pero el caso de elevador sería exactamente el mismo con la única diferencia de la corriente de vacío que recorrería solamente la parte que se ha denominado de N_2 espiras. Mientras que la corriente secundaria se dividiría en la común I_c y la de la parte superior del devanado, cumpliendo las mismas ecuaciones de la primera ley de Kirchhoff y el teorema de Ampère.

En cuanto al circuito equivalente, se obtendría de la misma forma que se estudió para el caso de los transformadores, se podrían hacer ensayos en vacío y cortocircuito y se trabajaría como allí se hizo. La única diferencia es el valor de las resistencias y reactancias de cortocircuito en función de las resistencias y reactancias de los dos tramos de los devanados, que para este caso se obtiene fácilmente que sus valores son:

$$R_{cc1} = R_1 + R_c(m-1)^2$$

$$X_{cc1} = X_1 + X_c(m-1)^2$$

Siendo R_1, X_1 el tramo de devanado por el que pasa la intensidad I_1 y R_c, X_c el tramo de devanado por el que pasa la intensidad I_c

6.2. Autotransformadores trifásicos: conexión en estrella

Los autotransformadores también se pueden utilizar para la transformación de sistemas trifásicos. No obstante, ya que por la configuración de los autotransformadores solamente se utiliza un devanado por fase, es necesario adoptar el mismo tipo de conexión en el primario y en el secundario. Por otro lado, el autotransformador en conexión triángulo produce un desfase entre sistema primario y secundario que depende de la relación de transformación, por ello, la única conexión que tiene interés es la conexión estrella (Figura 6.8) cuyos diagramas fasoriales se indican en la Figura 6.9.

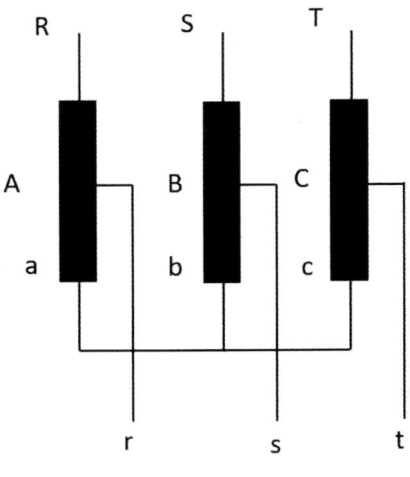

Figura 6.8.

Los diagramas de tensiones se obtienen a partir de las ecuaciones:

$$U_U = E_A \qquad U_V = E_B \qquad U_W = E_C \qquad U_u = E_a \qquad U_v = E_b \qquad U_w = E_c$$

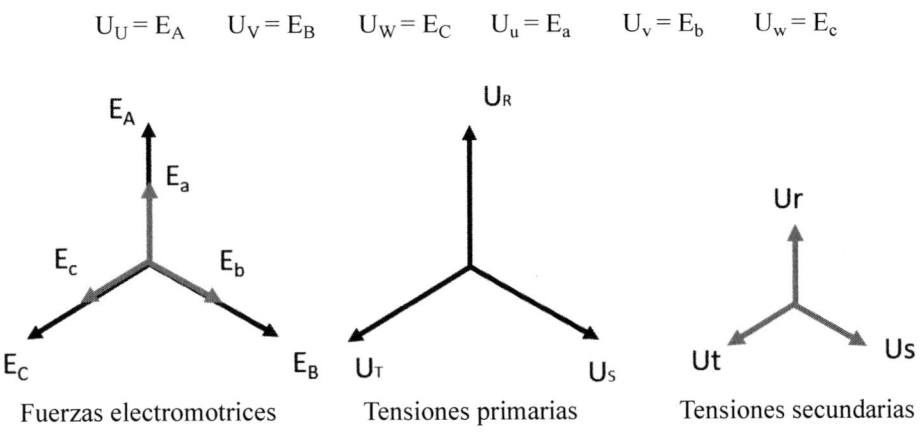

Fuerzas electromotrices   Tensiones primarias   Tensiones secundarias

Figura 6.9.

6.3. Aplicaciones principales de los autotransformadores

Dado que la principal ventaja del autotransformador es más acusada a medida que la relación de transformación es más pequeña, y la desventaja lo es a medida que la relación indicada aumenta, el autotransformador se utiliza en todos aquellos casos donde no sea preciso aislar el circuito de baja tensión del de alta, lo que puede admitirse en general, cuando las diferencias entre una y otra tensión no sean elevadas, por ejemplo en la conexión de redes de alta tensión (220 y 400 kV) o en transformaciones 220/125 V o similares. Nunca se utilizarán cuando se tengan que aislar circuitos, por ejemplo, en medida, aunque las tensiones de uno y otro lado sean similares.

Problemas tema 6

Problema 6.1 Un autotransformador monofásico de 20 kVA a 660/380 V y 50 Hz tiene un núcleo de 25 cm² de sección neta en el que la inducción máxima es de 1,5 T. Se determinará, despreciando las pérdidas:

1. El número de espiras de cada circuito
2. Las intensidades en ellos

Ap. 1. El número de espiras de los devanados se obtendrá de la ecuación de la f.e.m. y de la relación de transformación. Para aplicar la primera ecuación es necesario obtener, previamente, el flujo como producto de la inducción por la sección:

$$\hat{\varphi} = \hat{B} \cdot S = 1.5 \cdot 25 \cdot 10^{-4} = 3.75 \cdot 10^{-3} Wb$$

y las espiras del secundario:

$$N_2 = \frac{U_2}{4.44 \cdot f \cdot \hat{\varphi}} = \frac{380}{4.44 \cdot 50 \cdot 3.75 \cdot 10^{-3}} = 456$$

de modo que el número de espiras del primario es:

$$N_1 = N_2 \frac{U_1}{U_2} = 456 \frac{660}{380} = 792$$

Ap. 2. La corriente secundaria se obtiene por el cociente entre la potencia aparente y la tensión. La intensidad del primario es la del secundario dividida por la relación de transformación y, por último, la del devanado común es la diferencia entre ambas:

$$I_2 = \frac{S}{U_2} = \frac{20000}{380} = 52.63A$$

$$I_1 = I_2 \frac{N_2}{N_1} = 52{,}63 \frac{456}{792} = 30.30A$$

$$Ic = I_2 - I_1 = 22.33A$$

Problema 6.2. Un autotransformador monofásico de 6 kVA a 440/380 V y 50 Hz tiene un devanado de resistencia total igual 0,6 Ω a la temperatura de régimen, siendo la correspondiente a la parte común de 0,29 Ω. Ensayado en cortocircuito, se le aplicaron 10 V al primario, circulando por el secundario 14,2 A. En el ensayo en vacío se sometió, la parte común del devanado a 196 V, midiéndose 220 V en el total de él y absorbiendo 13 W. Determínese:

1. La resistencia y reactancia del autotransformador al nivel de mayor tensión.
2. El rendimiento a plena carga con factor de potencia inductivo igual a 0,9.
3. La potencia del transformador equivalente.

Ap. 1. La resistencia de cortocircuito, reducida al devanado de mayor tensión del autotransformador, se puede obtener por las expresiones:

$$R_{cc1} = R_1 + R_c(m-1)^2$$

siendo:

$$m = \frac{U_1}{U_{20}} = \frac{220}{196} = 1.12$$

resultando:

$$R_{cc1} = R_1 + R_c(m-1)^2 = (0.6 - 0.29) + 0.29(1.12 - 1)^2 = 0.3142$$

La impedancia combinada, reducida al secundario, se puede obtener por los datos del ensayo en cortocircuito:

$$Z_{C2} = \frac{U_{CC}}{I_2/m} = \frac{10}{14.2/1.12} = 0.789\,\Omega$$

luego:

$$X_{CCAT} = \sqrt{Z_{CCAT}^2 - R_{CCAT}^2} = \sqrt{0.789^2 - 0.3142^2} = 0.723\,\Omega$$

Ap. 2. El rendimiento es:

$$\eta = \frac{P_u}{P_u + P_0 + P_{CC}}$$

donde:

$$P_u = S\cos\varphi = 6000 \cdot 0.9 = 5400W\,.$$

la relación entre las pérdidas obtenidas en ensayo y las nominales se obtienen de la misma forma que en transformadores:

$$P_0 = P_0(ensayo)\frac{U_1^2}{U_{1(ensayo)}^2} = 13\frac{440^2}{220^2} = 52W\,.$$

$$P_{CC} = R_{CCAT}I_{NAT}^2 = 0.314 \cdot 13.6^2 = 58.1\ W\,.$$

en la que la corriente en AT es:

$$I_2 = \frac{S}{U_2} = 13.6\,A$$

y por último, el rendimiento:

$$\eta = \frac{5400}{5400 + 52 + 58.1} = 0.980$$

Ap. 3. De la ecuación de la potencia del transformador equivalente:

$$S_t = 6\left(1 - \frac{1}{1.1}\right) = 0.655kVA$$

Problema 6.3. Un autotransformador trifásico de 1000 kVA está conectado por AT a una red de 11000 V. Cada devanado está constituido por un total de 600 espiras con resistencia de 2 Ω. La parte común de los devanados tienen 450 espiras de 1 Ω de resistencia. La corriente de vacío es de 2 A con factor de potencia 0,2. Calcular:

1. Las intensidades de corriente en cada tramo de los devanados cuando funcione a plena carga, sin considerar la corriente de vacío.
2. Las pérdidas de potencia totales de la máquina para el funcionamiento indicado.

Ap. 1

$$I_{AT} = \frac{S}{\sqrt{3} \cdot U_{AT}} = \frac{1000}{\sqrt{3} \cdot 11} = 52.5\,A$$

$$I_{BT} = I_{AT} \cdot r_t = 52.5 \cdot \frac{600}{450} = 70.0\,A$$

$$I_C = I_{BT} - I_{AT} = 70.0 - 52.5 = 17.5\,A$$

Ap. 2

$$P_0 = \sqrt{3} \cdot U \cdot I_o \cdot cos\varphi_o = \sqrt{3} \cdot 11000 \cdot 2 \cdot 0.2 = 7621\,W$$

$$P_{cc} = 3\left(R_1 \cdot I_{AT}^2 + R_c \cdot I_c^2\right) = 3\left(1 \cdot 52.5^2 + 1 \cdot 17.5^2\right) = 9187\,W$$

$$P_T = 7621 + 9187 = 16808\,W$$

Problema 6.4. Calcular las corrientes en los dos tramos del devanado de un autotransformador monofásico de 25 kVA a 400/230 V y 50 Hz que tiene una corriente de vacío por el lado de mayor tensión de 7 A con factor de potencia 0,25 y funciona a plena carga con factor de potencia 0,90. (6,1b) (1 punto).

$$I_{2N} = \frac{S}{U_{1N}} = \frac{25 \cdot 10^3}{230} = 108{,}7A \ .$$

$$I'_1 = \frac{S}{U_{1N}} = \frac{25 \cdot 10^3}{400} = 62{,}5A \ .$$

$$I'_c = I_2 - I'_1 = 108{,}7 - 62{,}5 = 46{,}2A \ .$$

$$\vec{I}_1 = \vec{I}'_1 + \vec{I}_0 = \sqrt{(62{,}5 \cdot 0.9 + 7 \cdot 0{,}25)^2 + (62{,}5 \cdot 0.43 + 7 \cdot 0.97)^2} = 67{,}2 \, A \ .$$

$$\vec{I}_c = \vec{I}'_c - \vec{I}_0 = \sqrt{(46{,}2 \cdot 0.9 - 7 \cdot 0.25)^2 + (46{,}2 \cdot 0.43 - 7 \cdot 0.97)^2} = 42{,}0 \, A \ .$$

Problema 6.5. Un autotransformador monofásico de 50 kVA a 1000/690 V y 50 Hz que tiene una corriente de vacío por el lado de mayor tensión de 6 A con factor de potencia 0,15 y funciona a plena carga con factor de potencia 0,9. La resistencia total del devanado es de 1,9 Ω y la de la parte común 1,6 Ω Calcular, considerando en todos los casos la corriente de vacío:

1. La intensidad de corriente en cada tramo del devanado.
2. El rendimiento para el funcionamiento indicado.

Ap. 1

$$I'_{AT} = \frac{S_N}{U} = \frac{50000}{1000} = 50A$$

$$I_{BT} = \frac{S_N}{U} = \frac{50000}{690} = 72.46A$$

$$I'_c = \vec{I}_{BT} - \vec{I}'_{AT} = 72.46 - 50 = 22.46A$$

$$I_{AT} = \vec{I'}_{AT} + \vec{I_0} = \sqrt{(50 \cdot 0.9 + 6 \cdot 0.15)^2 + (50 \cdot 0.43 + 6 \cdot 0.99)^2} = 53.6A$$

$$I_C = \vec{I}_c + \vec{I_0} = \sqrt{(22.46 \cdot 0.9 - 6 \cdot 0.15)^2 + (22.46 \cdot 0.43 - 6 \cdot 0.99)^2} = 19.7A$$

Ap. 2

$$P_{cc} = \left(R_c \cdot I_c^2 + R_1 \cdot I_1^2\right) = \left(1.6 \cdot 19.7^2 + 0.3 \cdot 53.6^2\right) = 1483 \, W$$

$$P_o = U_{AT} \cdot I_{oAT} \cdot cos\varphi_o = 1000 \cdot 6 \cdot 0.15 = 900 \, W$$

$$\eta_{max} = \frac{S \cdot C_{\eta max} \cdot cos\varphi}{S \cdot C_{\eta max} \cdot cos\varphi + 2 \cdot P_0} = \frac{50000 \cdot 0.9}{50000 \cdot 0.9 + 900 + 1483} = 0.950$$

Bibliografía

Chapman, S. J. (2012). *Máquinas Eléctricas.* 5ª Ed. Mc Graw Hill.

Fraile Mora, J. (2003). *Máquinas Eléctricas.* Mc Graw Hill.

Gieras, J. F. (2016). *Electrical Machines. Fundamentals of electromechanical energy conversion,* CRC.

Gross, C. A. (2007). *Electrical Machines,* CRC.

Ponce, P., Sampé, J. (2008). *Máquinas eléctricas y técnicas modernas de control.* Alfaomega.

Ras, E. (1972). *Transformadores de potencia, de medida y protección,* Marcombo.

Sanz Feito, J. (2002) *Máquinas Eléctricas,* Pearson.

Serrano Iribarnegaray, L., Martínez Román, J. (2017). *Máquinas Eléctricas,* Universitat Politècnica de València. http://hdl.handle.net/10251/77750